生态文化阅读手札

锦绣山河
JINXIU SHANHE

中国地质大学出版社
ZHONGGUO DIZHI DAXUE CHUBANSHE

图书在版编目（CIP）数据

锦绣山河：生态文化阅读手札 / 陈华文著.
武汉：中国地质大学出版社，2025.7.
ISBN 978-7-5625-5936-8

Ⅰ．B824.5-53
中国国家版本馆 CIP 数据核字第 20241W3D36 号

锦绣山河：生态文化阅读手札

陈华文 著

责任编辑：武慧君	选题策划：张琰	责任校对：何澍语

出版发行：中国地质大学出版社（武汉市洪山区鲁磨路 388 号）　邮　编：430074
电　话：027-67883511　　传　真：027-67883580　　E-mail：cbb@cug.edu.cn
经　销：全国新华书店　　　　　　　　　　　　　　　https://cugp.cug.edu.cn

开本：880 毫米 ×1230 毫米　1/32　　　　　字数：235 千字　印张：10.125
版次：2025 年 7 月第 1 版　　　　　　　　　印次：2025 年 7 月第 1 次印刷
印刷：湖北金港彩印有限公司

ISBN 978-7-5625-5936-8　　　　　　　　　　　　　　　　　定价：42.00 元

如有印装质量问题请与印刷厂联系调换

序

生态文化与生态文学共奏"自然之声"

当工业文明的喧嚣扰动了地球的呼吸,当物种消逝的叹息穿透森林的寂静,人类终于意识到:与自然对话,是文明存续的必修课。生态文化与生态文学,正是这场对话中最动人的双重奏——前者以理念为谱,构建人与自然和谐共生的价值体系;后者以文字为弦,奏响对生命共同体的深情咏叹。从老子"道法自然"的哲思,到《诗经》"蒹葭苍苍"的吟唱,从蕾切尔·卡森《寂静的春天》的警示,到当代作家对绿水青山的礼赞,两者始终在人类文明的长河中相互激荡。它们不仅记录着自然的沧桑,更指引着文明的转向,在生态危机日益严峻的今天,共同呼唤着一场关于敬畏、守护与重生的集体觉醒。

生态文化:理念与价值的交织

生态文化作为一种深刻反映人与自然关系的文化形态,其内涵丰富而多元。从本质上讲,它是人类在认识自然、适应自然以及改造自然的漫长过程中,所积累形成的关于生态环境保护、人与自然和谐共生的思想观念、价值取向、行为准则以及相关制度的总和。

生态文化不仅仅是对自然环境的简单认知，更是一种从哲学层面、伦理层面以及社会层面全面审视人与自然关系的文化体系。

在哲学层面，生态文化蕴含着深刻的自然观。中国古代道家的"道法自然"思想，便是生态文化哲学内涵的生动体现。老子提出"人法地，地法天，天法道，道法自然"，强调了宇宙万物遵循自然规律运行的本质，人类应顺应自然之道，而非强行干预。这种思想深刻地影响了中国传统的生态文化观念，使得人们在对待自然时，秉持着敬畏与顺应的态度。西方哲学中，也有诸多关于人与自然关系的探讨，如生态中心主义哲学，它主张将生态系统的整体利益置于首位，人类只是生态系统中的一部分，应尊重和维护整个生态系统的平衡与稳定。例如，彭富春的专著《论大道》，以其独特的理论建构与深刻洞见，为哲学研究与生态文化发展注入活力。他跳出传统哲学的既定框架，从世界、欲望、技术、大道，以及欲技道的游戏等维度，对人与自然、人与人的关系、人之内性等根本性问题展开深入探讨，不仅在哲学领域引发关注，更因其对生态文化的深度关切与创新阐释，为解决当下生态危机、构建人与自然和谐共生的美好愿景提供了思想资源。

伦理层面的生态文化，则关注人类对自然的道德责任。生态伦理学的兴起，正是这种伦理观念的具体体现。它认为人类对自然负有道德义务，不能仅仅将自然视为满足自身需求的工具。例如，动物权利论强调动物拥有与人类相似的感受痛苦和享受快乐的能力，人类应尊重动物的权利，减少对动物的不必要伤害。这种伦理观念促使人们重新审视自己的行为，在日常生活中更加关注自然生物的权益。例如，读楼宇烈的著作《中华文化的感悟》得出的启示是：在全球生态危机日益严峻的当下，从传统文化中汲取智慧，探寻生态保护与可持续发展的伦理根基至关重要。他强调中华文化中"天人合一"思想的核心地位，这一思想深刻体现了人与自然和谐统一的关系。在传统观念里，天并非是与人对立的超自然存在，而是包含自然万物的有机整体，人是自然的一部分，与天地万物相互依存、相互影响。

社会层面的生态文化，体现在社会制度、政策法规以及社会行为等方面。在现代社会，许多国家制定了严格的环境保护法律法规，从制度层面规范人们的行为，以保护生态环境。一些地区推行生态补偿机制，通过经济手段激励人们积极参与生态保护。在社会行为方面，越来越多的人开始践行绿色生活方式，如选择公共交通出行，进行垃圾分类，参与植树造林等活动，这些都是生态文化在社会层面的具体实践。

生态文化具有极其重要的价值，它是实现可持续发展的重要支撑。可持续发展理念强调经济发展、社会进步与环境保护的协调统一，而生态文化所倡导的人与自然和谐共生的价值观，与可持续发展的目标高度契合。只有当全社会形成浓厚的生态文化氛围，人们真正从内心认同并践行生态保护理念，可持续发展才能得以实现。王向荣在专著《景观笔记：自然·文化·设计》中提到，生态文化建设是连接人与自然、推动可持续发展的核心纽带，具有深刻的现实意义与长远价值。生态文化为城市建设提供遵循：倡导"弹性城市""海绵城市"理念，让城市像生命体般具备自我调节能力；强调通风廊道、绿地系统的规划，破解内涝、空气污染等"城市病"，防止基础设施拼贴导致的自然系统破碎。更重要的是，生态文化重塑人类对生活环境的追求，从单纯满足吃穿住行，到向往健康、宜居、有文化温度的空间。生态文化建设最终指向人与环境的和谐共生，让城市既有"颜值"，更具"韧性"，让每个人在景观构建的社会中，真正感知自然之美、生活之好。

生态文化能够提升人类的精神境界。在现代社会，人们往往过度追求物质利益，精神世界逐渐空虚。而生态文化引导人们关注自然，感受自然之美，领悟自然蕴含的生命哲理，从而使人们的心灵得到滋养，精神境界得到提升。当人们漫步于乡野之间，欣赏着大自然的壮丽景色，感受着万物的生机与活力，内心会涌起一种对自然的敬畏与热爱之情，这种情感能够净化人的心灵，使人摆脱世俗的烦恼，获得精神上的愉悦与满足。读叶云的专著《"内生模式"美丽乡村建设——鄂州市梁子湖区建设实验》可看出，生态文化在美丽乡村建设中，对提升人的精神境界具有不可替代的价值。"内生模式"倡导从乡村肌理中挖掘生态与人文基因，正是这种文化自觉的生动实践。农民从房屋修建的盲目模仿，转向对本土建筑风格、民俗传统的珍视，实则是审美境界的觉醒。生态文化将"见山见水见乡愁"转化为具体实践，使村民从环境的旁观者变为守护者，在保护文脉、修复生态的过程中，重塑本土文化的自信感与认同感。

生态文化对于维护生物多样性和生态平衡也具有不可替代的作用。生物多样性是地球生命的基础，生态平衡是生态系统稳定运行的保障。生态文化通过传播生态知识，提升人们对生物多样性和生态平衡重要性的认识，促使人们采取行动保护野生动植物，维护生态系统的稳定。例如，一些环保组织通过开展宣传活动，向公众普及珍稀物种的保护知识，提高了公众保护生物多样性的意识，从而推动了相关保护工作的开展。读理查德·福提的专著《生命简史》不难看出，从恐龙兴衰到物种迭代，每一个生命都在生态网络中扮演独特角色。人类作为演化史的后来者，并非地球的主宰，而是生命共同体的一员。当生态文化深入人心，人们会摒弃"征服自然"的傲慢。大型生物的存续需要微环境平衡，而这种平衡的维系，离不开对自然规律的敬畏与顺应。唯有将生态文化内化为价值观念，才能从根本上遏制物种灭绝的加速趋势，让地球生命演化的故事得以延续，保持自然界的蓬勃生机。

生态文学：文学殿堂中的自然之声

生态文学作为文学领域中一个独特的分支，有着明确的界定和丰富的特点。从定义来看，生态文学是以生态整体主义为思想基础，以生态系统整体利益为最高价值的文学类型。它通过文学的形式，深入考察和表现自然与人之间的关系，探寻生态危机产生的社会根源，并进行独特的生态审美。生态文学不仅仅是对自然景观的描绘，更是对人与自然关系的深刻反思，以及对生态危机的警示与思考。

回溯历史长河，中国古代文学中蕴含着丰富的生态文化内涵。《诗经》作为我国古代诗歌的开端，其中大量诗句描绘自然景象，如"蒹葭苍苍，白露为霜"，展现出古人对自然的细致观察与诗意表达。彼时，人们生活与自然紧密相依，这种依存关系融入文化，反映在文学创作中。在传统文化"天人合一"思想影响下，古代文人追求人与自然和谐，陶渊明笔下"采菊东篱下，悠然见南山"的生活，体现了诗人对自然的热爱与顺应。这一时期生态文化是社会主流价值观，生态文学是其诗意呈现，两者相得益彰。

近年来的生态文学，具有鲜明的生态责任意识。作家们通过作品揭示人类活动对自然环境造成的破坏，呼吁人们重视生态保护。如徐刚的《伐木者，醒来！》，以犀利的笔触，深刻地揭示了当时乱砍滥伐森林现象的严重性，以及由此带来的水土流失、土地沙漠化等生态危机，唤起人们对森林资源保护的重视，体现了作家强烈的生态责任感。

生态文学具有文化批判的特点。它对人类中心主义价值观进行批判，反思现代文明发展过程中对自然的过度索取和破坏。在许多生态文学作品中，作家们指出人类将自己视为自然的主宰，无节制地开发利用自然资源，这种错误的价值观是导致生态危机的根源。例如，一些作品批判了工业化进程中人们对自然环境的忽视和破坏，提醒人们要重新审视人类在自然中的地位，树立正确的人与自然关系观念。李青松的《相信自然》，通过对现实生态问题的细致洞察与犀利剖析，对人类中心主义、传统发展模式以及生态伦理缺失等进行批判，为人们敲响生态警钟，引导读者重新思考人与自然应有的关系，为生态保护与可持续发展提供了文学层面的有力支撑。

生态理想也是生态文学的重要特征。作家们在作品中描绘人与自然和谐共生的美好愿景，为人们提供一种理想的生活模式。像阿来的《草木的理想国：成都物候记》，通过对成都各种植物的细致描写，展现了自然与城市和谐共处的景象，传达出一种对美好生态环境的向往和追求，激发人们为实现这样的生态理想而努力。

中国生态文学的发展历程见证了时代的变迁与人们生态意识的觉醒。在早期，虽然文学作品中不乏对自然的描写，但真正具有现代意义生态意识的作品并不多见。随着经济的快速发展，生态问题逐渐凸显，人们开始反思自己的行为对自然环境的影响，生态文学也由此迎来了发展的契机。

20世纪80年代，一些作家开始关注生态问题，创作了一批具有生态意识的作品，如《大雁情》等。这些作品虽然在生态意识的表达上还不够成熟，但它们开启了中国当代生态文学的先河，为后来的发展奠定了基础。到了90年代，随着生态问题的日益严峻，越来越多的作家加入到生态文学创作的行列中来。他们的作品更加深入地探讨生态危机的根源，对人类的行为进行深刻反思。像哲夫的《世纪之痒：中国生态报告》《黄河追踪》等作品，通过对生态问题的实地考察和深入研究，揭示了造成生态危机的社会、经济、文化等多方面因素，引起了社会的广泛关注。

进入新世纪，中国生态文学迎来了繁荣发展的时期。随着生态文明建设理念的提出和深入人心，作家们的创作题材更加丰富多样，作品的思想内涵也更加深刻。姜戎的《狼图腾》以独特的视角展现了草原生态系统的复杂性和重要性，引发了人们对生态平衡和文化传承的深入思考。迟子建的《额尔古纳河右岸》通过讲述鄂温克族的生活故事，描绘了人与自然和谐共生的美好画面，同时也反映了在现代文明冲击下，传统生态文化面临的挑战。阿来的《三只虫草》

《蘑菇圈》等作品，从藏区的自然环境和人文风情入手，展现了自然与人类生活的紧密联系，以及生态保护的重要意义。

再如陈国栋在《地球印记》中以地质公园为"主角"进行文学创作，拓展了生态文学的题材范围。此前，生态文学多聚焦于森林、河流、湿地等生态系统，对地质公园的文学书写相对较少，他将目光投向地质公园这一独特领域，为生态文学开辟了新的创作空间。通过对地质公园建设、地质景观、地质工作者等多方面内容的呈现，展现了地球演化历程与人类保护行动交织的宏大叙事，丰富了生态文学的表现内容，使生态文学对自然的关注从表层生态系统深入到地球的地质根基。

生态文化与生态文学：共生共存的关系纽带

生态文化与生态文学之间存在着紧密的内在联系，它们相互影响、相互促进，共同推动着人与自然和谐共生理念的传播与实践。生态文化为生态文学提供了丰富的思想源泉和深厚的文化土壤。生态文化中蕴含的哲学思想、伦理观念以及对自然的敬畏之情，为生态文学创作提供了深刻的主题和内涵。作家们在生态文化的熏陶下，将这些理念融入到作品中，使生态文学具有了更高的思想价值。例如，中国传统文化中"天人合一"的思想，在许多生态文学作品中都有体现。作家们通过描绘人与自然相互依存、和谐共处的场景，传达这一古老哲学思想的现代意义。

生态文学则是生态文化传播的重要载体。通过生动的文学形象、精彩的故事情节以及优美的语言表达，生态文学能够将生态文化的理念更加生动地呈现给读者，使读者在欣赏文学作品的过程中，潜移默化地接受生态文化的熏陶。优秀的生态文学作品，往往能够引起读者对生态问题的关注和思考，激发他们保护生态环境的意识。比如，蕾切尔·卡森的《寂静的春天》，这部作品以细腻的描写和严谨的科学论证，揭示了农药对生态环境的破坏，引发了全球民众对环境保护的关注，推动了生态文化的传播与发展。赵腊平近年来出版八卷本的《赵腊平笔耕集》，从生态文化与生态文学双重视角，构建了对自然资源的深度观照。生态文化层面，以"现代矿业文明"为核心，突破"矿业与生态对立"的误区，主张通过科技创新实现"科学开采"，将"节约优先、保护优先、自然恢复为主"的方针融入矿业实践，呼应了生态文化中"人与自然和谐共生"的核心诉求。他对"矿业是基础产业"的坚守，并非忽视生态，而是强调在发展中平衡保护，为传统行业的生态转型提供了理论支撑。在生态文学层面，他表现出温情和细腻的一面，以质朴笔触书写地矿与自然的互动，将山脉、石林视为地球的生命印记，其文字摒弃华丽辞藻，如泉水流淌般呈现人与矿产、自然的共生关系，既展现地质工作者的生态自觉，又以文学感染力唤醒人们对自然资源的珍视，实现了生态文化理念与文学表达的有机融合。

在众多生态文学作品中，有许多成功体现生态文化内涵的佳作。沈念的《大湖消息》以洞庭湖为背景，通过对洞庭湖生态环境变迁的描写，展现了人与自然之间复杂而微妙的关系。作品不仅描绘了洞庭湖美丽的自然风光，还讲述了当地居民与湖共生的生活故事，以及在生态保护过程中所面临的挑战与付出的努力。从中我们可以深刻感受到生态文化中尊重自然、顺应自然的理念,以及人类对生态环境的责任感。叶浅韵的《生生之门》所彰显的生态文化价值,在于将自然与生命、生活深度交织,构建了"自然即生活"的朴素认知。笔者通过乡土叙事,展现了人与自然共生的本真状态:树木是如亲人般的存在,土地是生存的根基,水火是文明的伙伴,生育是自然与人类共通的母题。这种呈现打破了自然与人类的割裂状态,让生态文化不再是抽象理念,而是融入饮食起居、生命传承的日常实践。

在当今时代,生态环境问题已经成为全球关注的焦点。气候变化、生物多样性减少、环境污染等问题日益严峻,对人类的生存和发展构成了巨大威胁。在这样的时代背景下,生态文化与生态文学被赋予了更为重要的时代使命。它们成为推动生态文明建设,促进可持续发展的重要力量。通过传播生态文化理念,唤起人们的生态保护意识,促使人们改变现有的生产生活方式,以更加绿色、环保、可持续的方式生活。生态文学作品可以激发人们对自然的热爱,引发人们对生态问题的关注,为生态文明建设营造良好的社会氛围。当代的生态文学创作,往往和很多重要的时代主题紧密结合。如周习的《行走乌蒙》,不仅用纪实的手法讲述乌蒙山区摆脱贫困的故事,还对这一地区的自然风光、自然资源进行绘声绘色的描写,这不仅丰富了报告文学的审美向度,也为社会发展与生态环境治理之间深层次思考带来有益的借鉴。周习的另一长篇小说《中国农民》,呈现了新时代农民对传统农耕生态智慧的创新,将土地利用与可持续发展结合,"菜乡"的崛起不仅是经济奇迹,更是生态农业的实践样本。

该作品以现实主义笔法，将乡村振兴中的生态与经济互动、农民与土地的新型关系写入文学，让生态理念通过"沾泥土"的叙事自然流露，拓展了生态文学在乡村发展方面的书写空间，证明了生态文学在记录时代进程中的重要作用。

这些年来，为了展示文学创作的整体风貌和水平，不同文学组织和出版机构，对小说、散文、诗歌、杂文等，分门别类地编辑成各种年度文学选本，这已经成为一道壮观的文学风景。而对于生态文学作品，选编为年度选本出版，还不多见。作家李青松从2021年开始，持续针对生态文学主持年度选编，将每一年的优秀之作汇聚成册，助力生态文学的蓬勃发展。再如，《生态文化》《大地文学》《地质文学》等期刊，大量刊发生态主题的各类文学作品，成为生态文化与生态文学建设的主要阵地。

展望未来，生态文化与生态文学有着广阔的发展前景。随着生态意识的不断提高，人们对生态文化的需求也将日益增长。这将促使更多的人投身于生态文化的研究、传播与实践中。生态文学也将迎来更加繁荣的发展时期。作家们将继续深入挖掘生态主题，创作出更多优秀的作品，以文学的力量推动生态文化的发展，为建设美丽中国、实现人与自然和谐共生的现代化目标贡献力量。

生态文化与生态文学作为人类思想文化领域中璀璨的明珠，在当今时代发挥着不可替代的重要作用。它们承载着人类对自然的敬畏与热爱，对未来的美好憧憬。通过深入研究和发展生态文化与生态文学，我们能够更好地认识人与自然的关系，找到实现可持续发展的道路，共同创造一个更加美好的生态家园。

目录

第一辑 生态文化观察

人类不是地球生命演化的旁观者	3
地球、生命与人类的"警世恒言"	9
人类与环境"共舞"的百年回望	15
人类与环境的友好互动关乎未来	21
人类影响气候 气候改变历史	28
宜居地球并非与生俱来	34
中华文化视角下的"天人合一"	39
人与自然和谐共生乃大道	45
锦绣山河：历史之魅与环境之思	49
探求古代自然环境变迁之秘	56
运河的命运与历史变迁环环相扣	63
从博物学的维度解读中国近代史	70
中国植物是如何走向世界的	76
中国乡村建设的"美丽"之道	85
景观营造与城市建设的自然之道	90
健康生活 诗意栖居	96
传统村落保护与利用正当其时	102

目录

达尔文与化石的不解之缘　108
动物对于人类历史的贡献　112
对待土地的方式影响我们自身　120
在树木面前我们应该谦卑　126
"沙漠之国"是如何盘活水资源的　132
大城市日常运转之秘　138
美食背后的自然之道　144
古植物世界的恢宏图景　149
沉默的鱼儿与变迁的自然　154

第二辑　生态文学品鉴

自然生态文学的宽度、温度与厚度　161
一条山脉的自然表达与文学呈现　168
土地、农民与乡村振兴　174
新时代山乡巨变的文学之维　178
深沉的自然之爱　183
把心交给自然　188
探寻神秘的可燃冰　193

目录

人与自然和谐共生的文学再现　198

地质工作的文学素描　202

自然资源情怀的多维表达　207

自然文学的乡土叙事与深度拓展　213

生态情怀与智慧的文学演绎　219

文学与植物携手同行　225

大自然呼唤人文关怀　231

走向远阔山河　235

为城市深情写诗　239

在生态文学评论中拥抱山河　243

文艺作品如何讲好人与自然的故事　249

地质文学与生态文学交融发展之思　256

高校生态文学人才培养之我见　266

生态文学的视觉叙事之探索　273

我带学生"绘"山河　280

阅读，何以产生烦恼　287

阅读滋养人生　295

后记　299

第一辑
生态文化观察

人类不是地球生命演化的旁观者

人们回溯经济、政治、军事和文化的历史，无非是想从过去发生的事情中，寻找对今天和未来的启示。而研究自然的历史，即便是在以亿万年为时间单元的地质史中，讲述地球 40 多亿年以来生命起源与演化的历史，也是极为少见的。探索生命演化历程有什么用？地质学家探究漫长岁月中地球上发生的那些事儿，是否真实可信？这是个问题。一百多年来，伴随着新技术、新方法的应用，古生物学中很多已经成为定论的内容，都在不断地被改写。可以这么讲，自然的历史就是一部不断被改写的历史。

探究生命演化的奥妙，不仅与科学研究有关，更与人文情怀有关，因为这些年来生态环境的变迁，和人类的生存现状紧密相连。回望自然的历史，本质上就是呼吁人们爱护地球家园、保护生态环境。无论从哪个角度看，《生命简史》（中信出版集团 2018 年版）这本重要的科普著作，都能给读者带来无比宝贵的思想启迪。

生命演化是地球上最壮观的"表演"

《生命简史》作者理查德·福提（Richard Fortey）是英国资深古

生物学家，24岁毕业于剑桥大学并获得博士学位，随即进入英国自然历史博物馆工作，直到2016年退休。他曾担任伦敦地质学会主席。福提毕生与地质研究为伴，14岁就采集到人生的第一块三叶虫化石，后来在三叶虫、笔石动物与节肢动物演化，奥陶纪古地理重建与地层对比，寒武纪生命大爆发研究领域有很深的造诣。古生物学研究是不分国界的，中国地质古生物学界对福提并不陌生，1986年他曾与中国科学院南京地质古生物研究所周志毅教授合作开展研究，发表论文《中国北方与东北的奥陶纪三叶虫化石》。他也是改革开放之后，最早与中国学者开展联合科研的西方著名学者。

同时，福提也是一位地学科普达人。在科普写作领域，除了出版的《生命简史》外，《化石：洪荒时代的印记》《藏匿的风景》《三叶虫：演化目击者》《地球：一段亲密的历史》等一系列科普著作影响同样深远。《生命简史》自1997年出版以来，在世界各地翻译出版，被无数化石迷奉为"殿堂级的地学科普书"。

《生命简史》分为"永恒的海洋""从尘埃到生命""细胞、组织和躯体""人类"等13个章节，福提以第一人称的表述方式，将自身的地质研究经历、见闻、趣事和古生物学理论有效融合，用开阔的视野、扎实的学识、生动的文笔，讲述地球生命46亿年波澜壮阔的演化传奇。46亿年，地球经历了一个极其漫长的地质过程。伴随着地球内部和外部环境的巨大变化，生命从无到有。新出现的物种适应着地球的环境，同时也在改造着生态环境。在不同的地质时期，曾经有不同的新物种出现，同时也有不同的物种灭绝。生命的演化，构成地球上最为壮观的"表演"。

地球上的生命是如何形成的？西方神话中认为生命是造物主创造的，上千年来，人们曾经对这种观点深信不疑。1788年，苏格兰农场主兼业余地质学家赫顿，观察了河流的泥沙和河岸遭受侵损的过程，并从岩层中得到启发，认为它们代表亿万年来的沉积。他进而通过系列的论证，摒弃了中世纪的地质学理论，正式将地质学确立为一门科学。1915年前后，地质学家们将放射性同位素测年方法运用到岩石测年当中，首次测定出了岩层的绝对年龄，并很快完成地质年代表的"编码"。

在此之前，很少有人注意到：从世界地图上看，非洲西部和南美洲东海岸的轮廓线可以完美拼合，德国地球物理学家魏格纳首先意识到这并非巧合，而是地球上大陆板块运动、漂移的结果。"大陆漂移学说"在当时遭人嘲笑，而近年来，这种学说几乎成为一种共识，并深刻影响着地质科学的发展。到目前为止，地质科学依然是一门处于探索中的科学，地球表层和地球内部的很多问题依然是未知数。

从恐龙到人类的演化应该警惕

我们常说，地球孕育了生命，然而地球46亿年前在宇宙大爆炸中诞生时，是一个滚烫的高温星体。35亿年前，当大气层形成后，才使生命具备了生存条件。地球上最早出现植物，则是在4.5亿年前。在地球生命演化中，恐龙是无法绕开的物种。在所有灭绝的物种里，恐龙是最重要、也是最令人难以置信的物种。恐龙起源于2.25亿年，灭绝于6500万年前，在地球上生活了长达1.6亿年，如此长的存在时间，却落得了演化失败者的名声，属实冤枉。

恐龙曾经是地球上的统治者，对与恐龙有关的各种争议，地质学界一直争论不休。传统观念认为，恐龙和其他爬行动物一样，是行动缓慢的冷血动物。但是50多年前，有学者指出恐龙属于温血动物。现在人们基本达成共识：肉食性恐龙可能是温血的，植食性恐龙则可能是冷血的。恐龙到底是如何灭绝的？很多人认为这是由于陨石撞击地球后，地球形成浩瀚无边的火灾，在高温和食物锐减的情况下，恐龙走向了灭绝。还有学者经过研究认为：恐龙的灭绝是一个缓慢渐进的过程，可能是由气候或海平面的变化引起的。笔者认为，恐龙的灭绝是这两种因素叠加形成的恶果。

人类文明真正主宰地球，仅有不到1万年的历史，这和恐龙统治地球1.6亿年的历史相差甚远。人类和所有物种一样，也历经了漫长的演化。现在的人类，也称为智人。智人是灵长目亚科人族的分支，大约在500万年前与组成人科的大猩猩、黑猩猩分道扬镳。大约在15万年前，现代智人起源于非洲，后来扩散到全世界。人类对于生存条件有极为苛刻的要求，需要肥沃的土地、充足的水源、繁茂的植物。由此也不难看出，在远古的非洲，生态环境应该还算不错，否则人类不会首先在那里出现。

从猿到人的演化中，直立行走是最为关键的一步，而这关键的一步，人类同样花费了数万年的时间。人类迈入文明时代，火的使用、吃熟食、狩猎与种植发挥着无法替代的作用。当今地球人口数量接近60亿，人类成为地球上繁衍最快的物种之一。数量庞大的人口，日日夜夜、分分秒秒在向地球索取自然资源，这使得地球承受着巨大的生态压力，毕竟地球资源是有限的。按照现在的资源开采速度和强度，地球会不会"弹尽粮绝"？

地球生命演化的故事远未结束

阅读《生命简史》时，笔者不禁联想到近年来出版的《地球生命的历程》和《大灭绝时代》。这两本书中谈到，地球生命历经了六次演化。第六次生命演化，发生于工业革命至今这相当长的一段时期。生命演化历程中，物种的消亡与新生，本属于正常的自然规律。可是自第一次工业革命以来，由于人类的活动范围迅速扩大，对自然的索取越来越多，无数的原始森林遭到肆意砍伐，水源地遭到破坏。人类活动虽然基本上不可能造成微生物、真菌、藻类和其他生活在海底与高空等极端环境中的生物从地球上消失，但是对于树木、哺乳动物、鸟类和爬行动物等大型生物来说，生存的前景不算乐观。这些大型生物的生存，需要大面积的栖息地中各种微环境保持平衡。如果大型生物的栖息地不复存在，很多物种将走向灭绝。

在过去的2亿年中，大约平均每100年有90种脊椎动物灭绝，平均每27年有一种高等植物灭绝。然而，因受人类的干扰，鸟类和哺乳动物灭绝的速度提高了100～1000倍。近100年来，有110种哺乳动物、139种鸟类在地球上消失了。如昆士兰毛鼻袋熊于1900年灭绝，北美白狼于1911年灭绝，中国犀牛于1922年灭绝，巴厘虎于1937年灭绝，墨西哥灰熊于1964年灭绝，爪哇虎于1980年灭绝，加拿大黑足雪貂于1991年灭绝……至于我国长江流域的白鳍豚，生死依然是人们关心的话题。

该书告诉我们，人类的出现不过几百万年，在生命进化的时钟上，我们所占据的时间仅相当于数分钟的光阴。对于地球漫长的自然历史，其实有太多的谜底需要揭开。人类是自然的产物，40多亿年间发生的无数偶然事件，造就了今天地球上的芸芸众生。与地质历史上远古生物的多样性相比，人类只是沧海一粟。地球承载着生命与人类文明，从宇宙视角来看，这颗星球依然是璀璨、伟大的。但我们同时也应该看到，地球自诞生以来，目前承受的生态环境压力过大，已经不堪重负。当前，最为急迫的任务就是维护好、保护好物种之间的多样性平衡，使整个自然界保持蓬勃生机。时间在继续，地球生命演化的故事还远未结束。

地球、生命与人类的"警世恒言"

近段时间,宇宙"黑洞"的照片首次公开之后,引起全世界的广泛关注。也许,人们是出于本能,而在内心深处,却对浩瀚宇宙报以无边的想象。地球在宇宙中,就如同手中的一颗黄豆般渺小,而人类之于地球,也仅仅如同一粒尘埃。探究宇宙与地球、生命与人类的起源,或许比想象中复杂得多。这些年来,从宇宙、地球与环境的多重维度出发研究历史,成为一种风潮,因为知识界逐渐意识到:抛开地球生命演化历程,或者忽略自然环境变迁谈历史,已经显得苍白。大历史叙事,作为炙手可热的"显学",备受学界追捧。在众多"大历史"著作中,《起源:万物大历史》(中信出版集团2019年版)具有沉甸甸的分量。

撇开人类中心论讲述大历史

《起源:万物大历史》作者大卫·克里斯蒂安教授,早年获得牛津大学哲学博士学位,是大历史(Big History)学派创始人,国际大历史协会首任主席,曾任悉尼麦考瑞大学大历史研究所所长。除了该书之外,他出版的《时间地图》《极简人类史》等著作,深刻影响了世界各地大众读者对人类历史的全新"发现"。

我们身边大部分人谈历史的时候，关注的是国家的兴衰、王朝的更替，视野之内也多是围绕人类讲述的历史。古希腊哲学家普罗泰戈拉的名言"人是万物的尺度"影响至今。我们习惯了人类中心论，却长久忽视了人类史之外更长的时段，以及息息相关的宇宙、地球、生命的大历史。近100年来的科技进步，使我们对宇宙图景的探究和描绘发生了很大变化。从宇宙微波背景辐射的发现，到1964年阿波罗8号飞船拍摄首张月球照片，再到基因、引力波的发现与互联网的发明，科学极大地改变了人类对于宇宙和自身的认知。科技的进步，让我们有条件追溯和书写更久远的万物起源故事。

《起源：万物大历史》一书，旨在突破人类中心论，从138亿年前宇宙诞生讲起，涵括万事万物：宇宙大爆炸，恒星开始闪耀，恒星濒死后新元素的产生，太阳及太阳系的形成，地球上出现生命、微生物和大型生物，小行星撞击地球导致恐龙灭绝等一一呈现。书中，作者用一半的篇幅，精彩演绎万物的来龙去脉，这是不多见的。作者融通科学与人文，汇集数十门科学、艺术和人文学科的众多见解，用无边界的融通知识，编织了一幅贯通宇宙万物的演化全图，为处于全球化时代的我们提供智慧的指引。

人类的终极追问中，起源是一个避不开的本质问题。世界上有100多种起源故事，几乎所有的人类文明都有自己的起源故事：《圣经》中说万事万物是上帝创造的，中国的传世神话说盘古开天辟地、女娲造人，古希腊神话中原始宇宙起始于大地女神盖亚等最早出现的神灵，印度神话里众生之父梵天创造了宇宙万物，古埃及的起源故事开始于原始海洋神努恩……这些起源故事有一个共同目的，就是为当时的人们寻找一种对世界的整体性的解释。

与古代不同的是，今天的人们不再求助于传世神话，对世界提出整体性的解释是科学家们在做的事，哥白尼、伽利略、牛顿、达尔文、爱因斯坦、霍金等科学家，都为我们了解世界做出了不可估量的贡献。该书作者在大历史叙事中，以科学严谨的态度，将万物起源娓娓道来。

我们人类，因为认知的狭隘，数千年来不禁自大和狂妄，曾提出了地球是宇宙的主宰、天大地大人最大、人定胜天等观点。今天看来，这些观点幼稚而愚昧，但确实长期表现于人们的思想和行为中。在浩渺的宇宙和漫长的时间面前，地球上的万物，不仅渺小，且是瞬间的过客。尤其是关于时间尺度，大历史有一个绝妙的比喻：如果把130亿年比喻成13年，那么宇宙大爆炸就发生在13年前，最早的恒星和银河系出现在大约12年以前，太阳和太阳系出现在4.5年以前，最早的生命有机体出现在4年前，恐龙大约在3个星期前灭绝，最早的智人在非洲进化大约发生在50分钟以前，最早的农业繁荣大约存在于5分钟以前，最早的有文字记载的城市大约出现在3分钟以前，主导世界的现代工业革命大约发生在6秒钟以前，第一次世界大战大约发生在2秒钟以前，人口数量到达70亿和互联网普及只不过是最近1秒钟发生的事。

延续人类文明要善待地球环境

《起源：万物大历史》作为自然历史与人文交融的科普之书，在兼顾生动性、可读性的同时，还试图阐释新认识和新观点。宇宙是什么？很多人找不到答案。作者认为，宇宙就是能量，物质由能量构成，它催生万物，催生原子、质子、中子，催生恒星和地球，并创造生命。人类的实践从本质上讲，就是获取能量并利用它改变周围的环境，进而改变人类。它支撑科技，发动战争，也催生文明。如今的化石燃料革命面临新的创新，能量的升级，成为科技发展的主旋律。同时，能量引发变革，信息指引变革的方向。宇宙中的一切变化都是信息，它是宇宙、自然和生命构成及演变的奥秘。信息与能量一起在人类历次重大的文明进步中扮演主角。信息可以代代相传，使知识量暴增。人类会创造和分享越来越多的信息，并利用信息求得更大的能量和更多的资源。进入现代社会，新信息使人类拥有强大的科技能力，让我们有能力利用化石燃料，将世界联成一体。

人类的本质及其特性是什么？很多学者都在寻求完美的答案。该书作者认为，人类史始于集体知识，它让人类与众不同。人类能够集体学习，让知识在一代人或几代人之间传播和共享。这是人类的特质，是一种全新的、更快速的"适应"环境的方法。当其他物种缓慢、耐心地通过共享基因来适应环境时，人类通过共享思想来适应。集体知识就是人类所共有共享的全部知识，是人类智慧的基础。集体知识是人类作为一个物种创造的源泉，也是人类区别于其他物种而拥有历史的原因。

人类对于神秘宇宙的了解，就目前的科技水平而言，其实只是冰山一角，人类依旧行走在探索和发现宇宙奥秘的路上。人类对于生命起源的求索，尽管已经描绘出了粗略的线条，但依然不够清晰。

仰望星空或者回望过往，自然世界依然扑朔迷离。对于当前"完美"人类而言，共同面对的难题是：如何在呵护地球生态环境，合理开采自然资源的同时，加快科技寻找并利用新能源的脚步。对于这个世界而言，全球各地的人们无论秉持何种价值观念，都应保护地球、守护绿色。在地球生态环境面前，人类其实就是弱不禁风的小草，维系人类与万物和谐共生的环境若被破坏了，人类文明其实毫无意义可言。

石油、矿产等资源的开采量和使用量，当前已经处于历史的峰值。有人担忧地说过，200年或者100年之后，这些不可再生的资源会不可挽回地枯竭。现在珍惜并节约自然资源，其实是为下一代生存留出后路。可惜这个时间也是掐指可算的。当务之急，就是科技界要加快脚步、开足马力，寻找新能源，这个速度越快越好。我们冷静地想一想：几十年之后，若新能源在大规模利用方面还没有实质性的突破，那我们的后代会不会真的像《流浪地球》所预言的那样，悲苦浪迹宇宙？

《起源：万物大历史》一书，带来太多的思考。该书作者在娓娓道来宇宙与地球万物的历史之后，启迪我们要理性地认识自我，在建设宜居地球的路上，付诸有诚意的行动。当然，我们也要乐观地看到，地球自46亿年前诞生至今，走过一路沧桑，历经无数坎坷，坚韧地哺育自然万物，从这个层面讲，地球这颗蓝色星球，在宇宙中依然璀璨而伟大。

人类与环境"共舞"的百年回望

现在我们已经深刻地认识到,除了政治制度、经济建设、军事力量、文化认同等要素外,生态环境已经成为决定社会发展走向的重要因素。生态环境的优劣与否,在某种程度上决定着一个国家能否实现可持续发展,同时也和人们的健康、幸福、梦想息息相关。回顾近百年来的世界历史,不难发现这既是一部科技进步史,也是一部环境"悲情"史,人类向地球无节制地索取资源和财富的同时,也一次次遭受自然的惩罚。《太阳底下的新鲜事》(中信出版集团2017年版)以宏观的视角,对20世纪人类与环境之间的爱与伤,进行波澜壮阔的呈现。

100年来生态环境破坏史无前例

人类为了稳健地走向可预见的未来,在深刻反思当下的同时,还必须在历史进程的蛛丝马迹中吸收有益的经验和接受失败的教训。在"大历史观"思潮的推动下,近年来,国内外很多学者陆续转向对生态环境的探究。历史上的自然环境,对人类生存产生的作用毋庸置疑。有的学者认为,生态环境的变迁,决定着家国之兴衰。此观点是否危言耸听暂且不论，但生态环境的每一次"转身"，确实决定着人类的生与死。

关于人类与环境的历史著作，目前不在少数，如《自然与权力：世界环境史》《世界环境史》《大历史：从宇宙大爆炸到今天》《人类的足迹：一部地球环境的历史》《绿色世界史：环境与伟大文明的衰落》《气候改变历史》《中国环境史：从史前到现代》等，都有着广泛的影响力。尽管这些著作对环境史书写的维度各不相同，但无不指向人与环境的和谐共生这个严肃论题。

《太阳底下的新鲜事》一书的作者麦克尼尔在国内读者心中不算陌生，他是美国乔治敦大学环境史教授，也是世界环境史的著名专家，与其父威廉·麦克尼尔合著的全球史佳作《人类之网：鸟瞰世界历史》，数年前就风靡学界。除此之外，麦克尼尔还著有《蚊子帝国》《大加速：1945年以来人类世的环境史》等作品。《圣经》有云"日光之下，并无新事"，在瞬息万变的20世纪，这句话恐怕已经过时，太阳底下发生了太多新鲜事。该书之名，其灵感来源于此。为了撰写该书，麦克尼尔参阅了大量新出版的学术成果和翔实的环保数据，仅仅注释和参考文献，就占据全书六分之一的篇幅。

《太阳底下的新鲜事》分为"星球运行的律动""推动变迁的动力"两大部分，共十个章节，分别从岩石圈、大气圈、水文圈、生物圈、人口与城市、资源与能源、环境观念等方面，深入论述人与环境之间的各种纠葛。在麦克尼尔看来，地球环境变化的走向，无非就是天、地、人三大要素共同作用的结果。他虽为美国人，但眼界并没有局限于欧美，亚洲、非洲、大洋洲、南美洲等都是他所关注的。

人类自从400万年前出现之后，便不断改变着地球的环境。到了20世纪，人类改变生态系统的程度、规模与速度，超过了地球上的任何时期。一个多世纪以来，许多足以造成生态变迁的现象，以惊人的速度出现：化石能源过度开发、水资源迅速恶化、空气污染加剧、海平线上升、冰川消融加快，与之相伴的还有热带雨林退化、森林乱砍滥伐以及愈演愈烈的全球气候变暖……他在书中感慨道："过去1000年里仅限于地方性的环境事件，100年来其规模迅猛飙升，人类在未来的命运扑朔迷离。"

利益驱动令地球生态苦不堪言

地球自46亿年前诞生后，生态环境历经沧海桑田，物种的灭绝与新生，一直在不断地上演着。人类在生态环境的演化中，逐渐适应自然，并利用自然，而真正主宰地球，仅短短几万年时间。在人类创造文明和财富的进程中，越是历经辉煌的时代，也越是疯狂索要自然资源的时代。工业革命之前，社会生产力低下，现代科学技术还未广泛运用，人类对自然环境的破坏即便存在，也是有限度的。工业革命无疑是人与自然环境关系陡然紧张的分水岭，在此之后的几百年，尤其是到了20世纪，人类与环境的关系已经面临僵局。

地球环境遭受的污染和破坏，首先是从土壤开始的。作者在该书第一章"岩石圈与土壤圈：地壳"中，对此进行了详细的论述。20世纪是全球人口增长最快之时期，在发展中国家，为了养活更多的人口，必须增加粮食产量，对土壤和种植物增大化肥和杀虫剂使用量。久而久之，土壤污染成为必然态势。土壤污染的另外一个来源，就是铅、镉、汞、锌等重金属的开采、提炼和使用。虽然这些金属为现代冶金工业提供了帮助，但显而易见的是，重金属大量渗透到土壤中，影响食物链的安全，对人类的健康形成威胁。

该书以日本为例，1973年日本的锌、镉产量雄踞全球，可是这些重金属不仅污染了农田，也污染了水源。20世纪80年代，大约10%的日本稻田因此受到污染，不再适合水稻种植，数百万人生活变得糟糕，有的当即致病致死，有的寿命缩短。再如，在20世纪人类合成了1000万种化合物，其中15万种运用到大众商业消费中。20世纪50年代化工业蓬勃发展，大量有毒废弃物掩埋在土壤中，直接对大地造成了伤害。20世纪70年代之后，一些发达国家，虽然不直接掩埋有毒废物，但是巧妙地做起了一门跨国生意，即将有毒废物运输到落后的国家和地区，随之形成新的环境灾难。

矿产资源是工业建设的"粮食"。为了获得丰厚的利益回报，人类曾经过度和无序采矿，这对环境的污染是致命的。19世纪20年代之前，人类的采矿规模尚不算大；然而到了20世纪，全球采矿几乎到了狂热的地步。采矿现场的忙碌与经济繁盛实则是畸形的，拉响生态的红色预警。无论是在中国，还是在世界上其他国家和地区，采矿业确实成就了一座城市和一个区域的繁荣，而矿产资源是不可再生自然资源，矿产资源的枯竭，意味着经济萧条的开始，更可怕的是大规模的采矿，对岩石圈生态造成无法弥补的损害。即便是在当前，人类社会对于矿产资源的依赖程度，也丝毫没有降低。合理利用自然资源还是维系经济持续增长，确实是两难选择，开展绿色采矿行动并尽快研发和使用、推广无污染的新能源,已经成为全球的当务之急。

社会建设与环境保护不能顾此失彼

生活在大都市的人都很清楚,每天如果能呼吸到新鲜的空气,必定是一种幸福。空气质量成为检验生态环境的标尺之一。20世纪的100年里,对于工业发展强劲的国家和地区来讲,污浊的空气成为记忆中的噩梦。在20世纪50年代之前,很多人都认为,城市里高耸的工业烟囱,是经济实力的标志,甚至还有人大加赞美。同样是20世纪的前半段,以燃煤为主的工业,在世界各国的发展不但没有节制,还大加鼓励。

在该书第二章"大气圈:都会的故事"和第三章"大气圈:区域性与全球性的历史"中,围绕空气质量、城市建设、人类健康等相关话题,以英国伦敦、美国匹兹堡与洛杉矶、希腊雅典、印度加尔各答、土耳其安卡拉、巴西库巴陶及德国鲁尔工业区等为案例,进行详细的论析。虽然这些城市和地区100多年来在工业制造方面取得了巨大的发展,可是这些地区的水与空气遭受的污染,也超乎了人们的预料。

如鲁尔工业区,一直是德国经济发展的引擎,但是空气中煤烟、二氧化硫等比重极高,以至于第二次世界大战中,由于这个地区的上空黑烟缭绕,盟军的轰炸机都无法精准轰炸。鲁尔工业区在战争中遭到重创,对于德国经济也是致命一击。20世纪50年代之后,鲁尔工业区的钢铁、机械制造业再次开足马力,该地区的空气污染也达到新一波高峰。20世纪60年代，这里的空气污染竟然到了失控的地步，同时代的美国、日本、瑞典及英国都有类似的情况。20世纪后半段，欧美意识到问题的严重性，通过各种技术手段，优化工业生产结构，出台强硬的环保政策，大力加强环境治理，蓝天白云和青山绿水才慢慢呈现出来，然而也付出了高昂的代价。

自然环境是一个封闭的循环系统，无论是岩石土壤圈、大气圈，或是水文圈和生物圈，任何一个方面出现了"病症"，对人类来讲都承受不起。人类与环境形成友好的互动，这是全人类共同的愿景，然而这也是棘手难题。中国作为世界上的第二大经济体，其生态环境的现状和治理，受到世界广泛关注。这几年针对环境保护，我国连续出台了系列法规，出"组合拳"进行综合整治，绝不因为发展经济而破坏环境，既要金山银山，也要留住绿水青山。当然，如何有效地处理经济建设与生态环境两者之间的关系，考验着整个社会治理的能力和智慧。其实不仅仅是中国，世界其他国家和地区，又何尝不是如此呢？

生态文化观察

人类与环境的友好互动关乎未来

在今日之世界,全球各种文化和价值思潮相互碰撞、交融,开放性和竞争性充斥着世界的每一个角落。由于科学技术和网络信息技术的飞跃式发展,人们尽情享用现代社会的文明成果。同时也要看到,世界物质文明的进步,都与自然资源的加速开发和生态环境遭到破坏密切相关。反过来讲,现代世界的起源、形成、发展,和生态变迁休戚相关。《现代世界的起源:全球的、环境的述说,15-21世纪》(以下简称《现代世界的起源》)(商务印书馆2017年版)一书,为我们重新认识现代世界与环境之路,提供了独特的思想参考。

从环境维度重新认识现代世界

《现代世界的起源》作者马立博(Robert B. Marks)教授,现在美国加利福尼亚州的惠蒂尔学院任职,他精通世界史、中国史和环境史。在出版该书之前,其《虎、米、丝、泥:帝制晚期华南的环境与经济》《中国环境史:从史前到现代》已被中国学界广为关注。

《现代世界的起源》一书,分为"1400年前后的物质世界和贸易世界""从中国说起""帝国、国家和新大陆：1500—1775年""工业革命及其影响：1750—1850年""大转折""差距"六大章节。该书的创新之处，在于打破了关于现代世界历史的"西方中心论"叙事模式，用清晰而又简明的语言，建构出一套全球的、环境的现代历史叙事模式，具有很强的智识冲击力。全书内容颇为丰富，涉及的主题包括俄罗斯、中国、奥斯曼、莫卧儿等国家的扩张，美洲的征服，工业革命，美国的兴起等。作者还从全新的视角，对这些主题进行了别开生面的阐发，叙述了与当下关切紧密相关的重大议题，如全球变暖、人口增减、病菌传播、能源危机、全球不平等在现代世界历史中的起源和演变。

该书第一版出版于2000年，而就在那一年，著名的环境历史学家麦克尼尔推出《太阳底下的新鲜事》。马立博阅读此书后，认为《现代世界的起源》对生态变迁和现代社会的关系论述不足，尤其是进入21世纪之后，环境问题已经成为历史学研究的热点。正基于此，他后来在第一版的基础上进行大幅度的修改并再版，于是才有了该书第三版的问世。

现代世界（笔者认为也可以称为现代社会）与传统世界是相对立的一对概念。传统社会最大的特质就是农业经济和手工作坊的生产模式占据主要地位，整个世界的物质生产规模有限，社会发展进程较为缓慢，自然资源没有遭到大规模的开发。而现代社会的特质则是工业生产和商品经济居于主导地位，科学技术的进步使得生产力大幅提升，资本与社会财富成倍增长，同时社会阶层开始分化，贫富差距拉大，对自然资源的依赖程度迅猛加强，生态破坏带来的天、地、水的环境问题日益凸显。

近百年来，对于科技化、便捷化的现代社会，很多人都秉持肯定、赞扬态度。客观上讲，现代社会的制度和生产方式，较之传统社会有着巨大的进步，然而我们也应该看到，现代社会在机械化的大生产、大建设过程中，不仅使得人们原本融洽的社会关系变得冷漠，生态环境在横遭损害后，整个生物圈（包括人类）的健康也面临严峻的考验。该书作者马立博对于现代世界持冷静的态度，他更多的是进行深层次的反思，体现出学人应有的人文情怀。

现代世界与自然资源的依附关系

对于现代世界的起源，我们都会不约而同地指向英国的工业革命。从表象上看，这似乎也没有问题，毕竟英国在工业生产中率先发明和大范围使用了蒸汽机。在此基础上，无数学者演绎出"西方中心论"，他们在阐释历史时，不知不觉地步入这个论调之中。现代世界的起源真的就这么简单吗？这也正是该书作者要探究的难点和疑点。通过大量的文献阅读和研究，该书作者认为，从单一的工业革命维度探究现代世界的起源，是一种狭隘的、带有偏见的历史观。在马立博看来，现代世界的真正起源，是资本、科技、制度、环境、文化多方力量共同作用的结果。"西方中心论是一种意识形态，是西方为掩盖其全球霸权目的而披上的合理外衣，是对历史真相的歪曲和篡改。"

在该书中，马立博把现代世界的起源，放在全球的大尺度视野之中进行考量，而非具体的国家和区域。他在"导论"中写道：

"……虽然工业革命开始于英国（实际上仅仅是英国的一个地区），但与其说是出于英国人的胆量、独创性或政治因素，还不如说是出于包括印度、中国和新大陆殖民地在内的全球进展。换句话说，历史地看，工业革命是全球性力量耦合的结果。"

笔者对他的这个论点非常赞成。英国在率先迈入现代社会时，其国内经济社会发展具有先进性有着重要原因：英国在亚洲、非洲疯狂地掠夺殖民地，疯狂地抢夺自然资源，以满足国内的生产需要；另外，英国在海外殖民地强制性地倾销其工业产品，以拉动国内经济指标的增长。在英国工业革命的初期，中国处于清朝封建统治时期，那时的中国地大物博、物产丰富，经济生产总值居于世界前列。这也是英国以贸易的名义，利用坚船利炮打开中国大门的原因。中国庞大的自然资源系统和消费市场，对于英国而言具有无法抗拒的诱惑力。所以从全球的视野看，世界在朝着现代社会整体转向时，中国有其重要的贡献力。当然这种贡献对于100多年前历经鸦片战争的中国而言，是血泪斑斑的民族屈辱史。

从英国国内来说，进入现代社会后，人们也一直与资源、生态进行公开博弈。该书作者强调，作为机械化大生产的"心脏"——蒸汽机，需要大量的煤炭作为工业燃料。恰恰英国中北部地区盛产大量优质的煤炭，这种燃料的无节制开采和利用，也助推了工业革命的高歌猛进。阅读该书时，笔者联想到另一位美国学者彼得·索尔谢姆在《发明污染：工业革命以来的煤、烟与文化》（上海社会科学院出版社2015年版）中讲道，煤炭从乡村到大都市的普遍使用，使得空气、水质遭受污染并滋生出各种恐怖的疾病。煤炭开启了现代文明时代，同时也将地球引入环境污染的时代，英国崛起，成为世界有史以来最强大的制造、贸易帝国，都是化石燃料烧出来的。

社会繁荣与环境保护不能失衡

《现代世界的起源》这本书，紧密围绕现代世界、自然资源、生态环境和人类社会这四者之间的关系，进行深入的纵横论述。在过去100多年的时间里，现代世界所谓的"进步"，与矿产资源、森林资源、水文资源的过度开发利用紧密相关。第一次工业革命拉开了现代世界的帷幕，而19世纪中期之后的第二次工业革命使人类进入电气时代（同样以耗费自然资源为代价），现代社会也步入生态破坏的"深水区"。尽管资本家、企业家逐渐认识到了生态环境的重要性，然而在巨额的经济利益面前，这些显然可以忽略不计。

20世纪四五十年代，以原子能技术、航天技术、电子计算机技术的广泛应用为特点的第三次工业革命开始了，石油资源的勘探与开采进入白热化阶段，围绕石油资源的掠夺，近40年来爆发过几次影响深远的局部战争。同样对于高新技术产业来讲，它们对于各类自然资源，尤其是稀缺矿产资源的依附程度，达到了前所未有的地步。马立博在书中强调：现代世界在朝前推进的同时，清晰地呈现出人类与自然环境的互动关系。这种互动显然不是友好和善意的，人类的自私贪婪和对财富的无止境的欲望，在自然界的宏大背景下，将人类的丑态暴露无遗。

中国作为新兴的市场国家，正在现代世界进程中崛起。马立博对于中国环境的过去和现在，在《中国环境史：从史前到现代》（中国人民大学出版社2015年版）一书中有过系统的梳理。在该书中，他再次重申：发达国家在现代化的发展征程中，付出了生态环境的沉重代价，中国应该警醒，不能走别人的老路。其实，中国在改革开放以来，也曾未妥善处理社会繁荣与生态环境两者之间的关系，不仅走过别人的老路，还付出了环境破坏的代价。

  世界历史告诉我们，人类与自然是生命的共同体，人类必须尊重自然、顺应自然、保护自然。只有遵循自然规律，才能有效防止在开发利用自然时走弯路，人类对大自然的伤害最终会伤及人类自身，这是无法抗拒、也不能抗拒的历史规律。中国目前处于新的历史发展时期，我们要建设现代化，既要创造更多物质财富和精神财富，满足人们对美好生活的追求和向往，同时也要留住青山绿水。阅读该书带来这样的启示：我们必须坚持节约优先、保护优先、自然恢复为主的方针，形成节约资源和保护环境的空间格局、产业结构、生产方式、生活方式，还自然以宁静、和谐、美丽。唯有如此，我们才能无愧于历史，无愧于子孙。

生态文化观察

人类影响气候
气候改变历史

研究历史有多个切入点,既可以从政治、军事、经济的维度展开,也能从文化、艺术的侧面进行。人们研究历史,无非就是想了解过去的自然世界、物质世界和人类精神世界的脉络走向,从而为现在、未来的发展之路提供借鉴。当前,从气象、生态和环境的角度探索昨日世界,似乎已经成为一种显学,国内外不少学者付诸了行动,出版了一系列相关的学术著作。其中,《气候改变世界》(天地出版社2019年版)一书,从全球的宏观尺度,探讨气候变化对人类历史的影响、人类社会对气候的作用,读来令人深思。

从气候的视角探讨文明兴衰

《气候改变世界》作者费根是剑桥大学考古学和人类学博士,世界知名考古学家,曾任加州大学圣巴巴拉分校人类学系教授,他长期围绕气候环境与人类历史从事研究,出版了20多部著作,除了该书之外,还有《小冰河时代:气候如何改变历史》《洪水、饥馑与帝王:厄尔尼诺与文明兴衰》等作品。

《气候改变世界》从历史、生态、环境、文明四个视角,进行叠加式的分析和叙事，若一个学者没有广博的知识积累，是没有勇气开展这种交叉性研究的。为了撰写该书，作者查阅了大量可靠的历史文献，叙述的触角覆盖了全球。当然，书写气候与人类的历史，其难度可想而知，关键障碍在于古代气候记录是不完整的，零星地散布在各种文字中。

针对气候与文明的叙述，该书作者并没有面面俱到地"撒胡椒面"，而是突出重点，以世界古代历史上重要的气候变迁为切入点进行破题。全书分为"历史上的大暖化""暖化时期""超级大旱时期""冰山的统治者""黄河之水"等13个篇章。在每个篇章中，作者先感性地讲述历史上的气候事件，然后引经据典，用相关数据进行理性研究，最后亮明自己的态度。

在科技落后的古代农耕社会，气候变化直接决定了庄稼收成的好坏。风调雨顺的年份，谷物丰收，人们丰衣足食，社会太平；而暴雨成灾或者干旱的年份，就没有好运气了。恶劣天气带来系列问题：人们填不饱肚子，继而社会躁动，最后国家统治动摇。气候变化影响了农业发展，而农业又关乎人们的生存。所以，在古代社会里"靠天吃饭"是没有任何争议的。

翻看历史我们不难看到：但凡在气候异常的年代，特别是北方严寒加剧的时候，北方的游牧部落生存受到威胁，他们就会朝温润的南方"开拔"，寻找生存的出路。如西方蛮族与罗马帝国的战争、北方匈奴与汉朝的博弈，深深地影响着世界历史走向。

气候变迁对历史的影响是全方位的

笔者虽然不是"气候决定论"的主张者，但是对于气候影响和推动世界的发展持肯定态度。世界四大文明古国的崛起，和气候变化有着直接联系。比如古埃及、古巴比伦、古印度和中国，分别依仗尼罗河、幼发拉底河与底格里斯河、恒河、黄河与长江而兴起，这些河流区域气候不错，雨量充足，水草肥美，辉煌的文明得以发展。然而，除了中国古代文明依然延续之外，其他三大文明古国纷纷走向衰落。究其原因，无一例外就是气候越来越干燥，雨水严重不足，文明走向没落，无数城池成为废墟。当然，还有经济、战争等因素，可气候变化是主要"操盘手"，历史学界也对此达成了共识。

那么，气候变化的原因何在？目前众说纷纭，并没有标准答案。笔者认为，人为的要素，至少起到了推波助澜的作用。古代富庶的国家，伴随经济的发展，人口也急剧增长，同时对自然的索取也更加频繁：不断开垦新良田养活更多的人口，无数树木遭受砍伐，用于修建房屋和生火做饭。自然环境逐渐被破坏后，气候开始变得越来越恶劣。这种恶性的气候循环，带来的破坏效应是巨大的。

我们都知道，在古代的黄河两岸，肥沃的土地孕育了灿烂的中华文明。一千多年前，在陕西、山西、河南的黄河流域，大象、老虎、狮子这些大型哺乳动物随处可见。这些动物对气候、食物都极为挑剔。但是气候变得异常后，黄河沿岸水土流失，以大象为代表的动物不断朝南迁徙，有的动物消失在历史深处，而缓缓前行的大象，退缩到了云南西双版纳的丛林中。对此，英国著名学者伊懋可在生态史专著《大象的退却：一部中国环境史》（江苏人民出版社2014年版）中，有过详细的剖析。这也表明了气候变化所带来的后果，是全方位和全覆盖的。

在《气候改变世界》一书中，作者在探讨古代世界气候变化时，并没有忽略中国。中国作为东方大国，气候和环境之间的互动，会给世界气候带来影响。作者在第十二章"黄河之水"中，分析了黄河流域气候与自然变迁的若干问题。作者认为，唐朝是中国最为强盛的朝代，当时过半的中国人生活在黄河流域。而唐朝走向衰落，和气候变化有直接关联。作者指出，在盛世唐朝，黄河流域由于乱砍滥伐，水土流失严重，加上雨量的减少，农民收成递减，在沉重的税赋压力下，饥肠辘辘的农民揭竿而起，这直接加剧了唐朝的分崩离析。历代以来，黄河的气候环境受到格外的重视。这些年来，科学保护黄河环境、恢复黄河生态，成为社会治理的重点。只要持之以恒地在生态环境方面发力，这条中华民族的母亲河，将来一定会回归本来的样态。

人类在气候灾难面前依然束手无策

在《气候改变世界》一书中，作者主要探讨中世纪（9—14世纪）气候变化所造成的人类生活的历史事实，将历史学家和考古学家的特长表现得淋漓尽致。其次，书中也明确地传递出这样的信号：理解气候变迁和人类社会的关系需要气候学家、地质学家、地理学家、人口学家、历史学家和考古学家的通力合作，这表明了科技整合的研究模式才能为人类社会文化的演进过程提供更深入的认识。

著名历史学家汤因比曾经说过，一个社会的命运和他们如何解决问题有关。从这个角度思考，书中提及的如吴哥窟这样的一个个考古遗址，不仅使我们认识到气候变化造成的环境变化是促使人类社会文化改变的关键要素，还能使我们了解古代世界各地历史文化发生变化的影响要素、解决问题的策略，以及导致社会崩溃的症结。

  至于气候变化对于人类文明的消极影响，也许有人认为这过于悲观，他们认为老天爷是公平的，风水总是轮流转，就好比中世纪的暖化或者近半世纪所发生的厄尔尼诺现象，并非全世界同一时间一起遭受气候变化引起的自然灾害。情况也许是这样，可应该严肃面对的是：全球自然资源的分配，应基于整体人类社会共享、共存和共荣的精神进行考量。否则，就会如书中所言："未来几个世纪的战争，不是为无意义的民族主义、宗教或者民主原则而战，而是为水资源大打出手。"该书一针见血地指出，人类不善于替子孙未雨绸缪，而是喜欢立竿见影的绩效和能够赢得选举的口号，这种"短平快"的思想对于生态环境治理是极为不利的。我们应该庆幸的是，对于打赢"蓝天保卫战""污染防治战"等，政府现在从政策法规的制定到付诸行动，都动了真格。

  另一方面，该书提醒我们：历史见证"人定胜天"只能作为激励人类意识的期许。至于人类永续保护环境的办法，该书作者并没有接地气的"招数"，毕竟他只是一个学者，而非环境保护的实践者。其实我国古代思想家孟子说过："不违农时，古物不可胜食也；数罟不入洿池，鱼鳖不可胜食也；斧斤以时入山林，木材不可胜用也。"在中国古代，人们的生产生活和气候有着紧密联系，流传已久的"二十四节气"以及众多的谚语，是古人对气候变化的形象总结。从统治阶层到黎民百姓，对天充满崇拜和敬仰，期望老天爷保佑顺风顺水，给大地带来丰收。笔者认为，古人敬天，本质上是敬畏气候，因为好气候决定人的温饱和生存。

伴随着科技的跃升，现在对于气候变化的各种数值做到了精确统计和分析，但是这并不代表我们就可以漠视自然、藐视气候。我们不善待环境和气候，那么在严重的气候灾难面前，我们依然束手无策。所以说，爱自然、关注气候，就是保护我们自身。该书告诉我们这样的一个道理：人类尽管不能决定气候变化，但是能影响气候变化。若这种影响是有利的，对人类繁衍和文明发展意义深远；反之，酿造的苦果由人类自身买单。

宜居地球
并非与生俱来

在浩瀚的宇宙之中,地球如何诞生与演化,一直都是地质学家孜孜不倦探索的问题。伴随着科技的发展,对于地球科学的研究已经越来越深入。地球科学不仅关乎地球本身,还与很多研究领域有着深刻的联系。为了让公众更加清晰地认识地球、理解地球,地学领域的很多专家学者都付出了努力。其中,图书《地球的过去与未来》(中国地质大学出版社2023年版)兼顾专业性、普及性和可读性,对地球的过去、现在和未来进行"画像",这为我们认识地球和感受地球科学的魅力,提供了重要的文本参考。该书的四位主要编著者均为中国地质大学(武汉)的教授,他们几十年来在地球科学教育与研究领域勤奋耕耘,其成就可圈可点。在地学专业研究领域,他们发表了大量学术论文,出版了不少专著,在学界有着广泛的影响力。为了讲好地球的故事,他们齐心协力,经过数年努力,共同编著了《地球的过去与未来》这部地学科普力作。在龚一鸣教授看来,科技创新与科学普及是推动科学发展和社会文明进步的双引擎,必须两手抓,两手都要硬。

《地球的过去与未来》不仅是一本科普"匠心"之作,也是一本地学科普的诚意之作。全书分为四大部分，共九个篇章，分别对矿物、岩石、化石、地质年代、生命起源与生物大灭绝、气候变化、水圈与海平面、板块构造与岩石圈演化及地球的未来等地学领域涉及的基本和前沿问题，用科普的语言进行了系统阐释。不仅如此，作者还对如何学习和教授地球科学知识提出了自己的洞见。坦率地讲，当前有关地球科学的科普读物不在少数，可是一些科普读物出自非专业人士之手，很多知识表述得不科学、不严谨，甚至张冠李戴、文不对题，这对普及地球科学知识是无益的。该书在专业内容的表述上极为严谨，绝不为了单纯的"好看"而哗众取宠。该书的编著者对地球科学心存敬畏，对普及性知识的介绍也很是"较真"，这其实也是治学应有的态度。

化石是打开地球科学之门的"钥匙"

在地球科学知识普及与传播的过程中，化石历来都颇受关注。《地球的过去与未来》一书，以"化石：远古地球的居民"为题，对化石进行全方位的"画像"。简单地讲，化石是石化的生物遗体和生命活动的遗迹，化石分为实体化石和遗迹化石两大类。化石的形成具有严格的限制条件，古代生物被保存为化石的概率只有万分之一，这就决定了化石记录必然具有不完备性，化石资源也是不可再生资源。

化石不单单是简单的石头，而具有重要的科学价值：一是千姿百态的化石暗示着生命的起源与演化，地质学家通过研究化石，能破解生命是何时、何地、如何起源的，生物是怎样演化的；二是化石能告诉我们地球上岩石的年龄,《国际年代地层表》的主要制定依据就来自化石;三是化石记录了地球沧海桑田的历史,地质学家在地层中若发现了某种原地埋藏的化石,特别是指相化石,就可判断化石产出地曾经的环境特征;四是化石能告诉我们煤、石油、天然气等自然资源是如何形成和分布的。此外,化石还具有审美价值,如中生代菊石化石、海百合化石等,给人带来美的享受。总之,化石就如同打开地球科学之门的一把"钥匙",掌握并运用这一把"钥匙",显得尤为重要。

宜居地球的来龙去脉

生命的起源与演化,历来都是地球科学领域关注的重要科学问题,同时也是哲学本体研究中的关键议题。地球生命是如何起源的,又是如何一步一步演化到今天的,这个问题若深究下去,其实并不简单。一般认为,地球诞生于46亿年前,大致上讲,46亿~35亿年是生命的起源阶段。35亿年以来,生命的演化大体经历了原核生物演化阶段(35亿~20亿年前)、真核生物演化阶段(20亿~6.3亿年前)、多细胞动物辐射演化阶段(6.3亿~5.1亿年前)、动植物躯体结构的多样化和复杂化阶段(5.1亿年以来)。目前,地球上的动植物种类约1000万种,登记在册的约200万种。作者在《地球的过去与未来》第四章"生命与环境的协调演化"中讲道,地球生命经历了从无到有、从小到大、从少到多、从原核到真核、从单细胞到多细胞、从水生到陆生、从简单到复杂、从低级到高级的演化过程,环境孕育了生物,生物改变了环境,生物与环境是协调演化关系。

其实认识到这一点，地质学家经过了漫长的科学摸索。很长一段时间，人类为了发展不惜破坏自然环境，导致人与自然的关系紧张而对立。现在包括地质学家在内的很多人都意识到：人类要想在地球上长久地生存和繁衍，必须学会与自然和谐共处。自然若被破坏了，人类在地球上也不可能"一家独大"。回望地球生命的历史，不难发现，无数动植物在时间的长河里能繁衍下来，无不历经沧桑，人类也同样如此。作者在《地球的过去与未来》一书中，对地球上五次生物大灭绝事件进行描述和分析，给人以广阔的思考空间。其实每一次生物大灭绝，对于生物都是一场生死存亡的巨大考验，很多物种消失了，同时很多新的物种出现了。地球上的五次生物大灭绝到底是什么原因，地质学家有多种解释，如小行星撞击地球、宇宙射线辐射、火山爆发、极端气候变化、海洋环境恶化、生态系统崩塌等。所以说，地球上很多动植物，淹没在时光的深海中，现在地球上的动植物，都是生命不断演化的结果。人类在地球上可谓姗姗来迟，没有赶上五次生物大灭绝，这是不是人类的幸运？

当前，建设宜居地球是我们共同的愿景。在《地球的过去与未来》一书"地球的未来"一章中，作者对宜居地球进行了分析。宜居地球是指适宜人类或复杂生命生存的地球，地球的宜居性不是与生俱来的，是太阳系和地球自身长期演化的结果。地球的宜居性并非自太阳系和地球诞生时就具备，已诞生46亿年的地球只是在距今约5.5亿年，才具备复杂生命生存所需的条件。太阳的核聚变产生的光和热，还能维持地球的宜居性约17.5亿年。也就是说，宜居地球可持续的全时长约23亿年。当然，这只是一种科学预测，在遥远的未来到底会发生什么,答案也只能交给时间。

《地球的过去与未来》系统、全面地对地球科学知识进行介绍,书中的大量科学插图和表格,将诸多看似枯燥的地质问题变得一目了然。除此之外,每一章还附有主要知识点和思考题,意在引导读者在阅读之后形成归纳和思考的习惯。阅读该书后,应有两个方面的启示:一方面,我们对地球的热爱,不能仅仅停留在言辞和表面,只有我们系统了解和学习地球科学知识,这份爱才会更深沉和炽热;另一方面,地球科学是不断发展的科学,它与社会建设及我们的生活联系越来越紧密。地球和人类从何处来,要到何处去?这是地球科学需要回答的问题,也是严肃的哲学之问。关于地球的过去与未来,有太多的谜团需要破解。我们需要做的,就是要从思维到行动,真正地热爱地球、保护地球。也只有如此,人类和地球才能稳健地走向未来。

中华文化视角下的"天人合一"

对一个国家和民族而言,文化是一种不可忽视的软实力。国家和国家、民族和民族之间,本质上比拼的就是文化及其精神。中华文化源远流长,孕育了中华民族的宝贵精神品格,培育了中国人民的崇高价值追求。自强不息、厚德载物的思想,支撑着中华民族生生不息、薪火相传,今天依然是我们全面深化改革开放和推进中国式现代化建设的强大精神力量。在增强文化自信的今天,很多学者深入研究中国传统文化,取得了丰硕的研究成果,楼宇烈教授就是其中之一。2021年,他出版了《中华文化的感悟》(商务印书馆2021年版)一书,这是他多年来对传统文化的思考和体会。

年过八旬的楼宇烈教授,任教于北京大学,长期研究中国哲学与传统文化,出版过《玄学与中国传统哲学》《儒家修养论今说》《中国儒学的历史演变与未来展望》等著作,他是在海内外有广泛影响力的文化学者。《中华文化的感悟》是他近年来数次讲座的实录,他在书中不仅集中探讨了儒家思想、中国人的信仰、中国传统文化中的天人合一思想、中华文化中的价值观与生命观,还深入剖析了中国智慧和中国品格。书中的主要观点是,中国人有自己的独特信仰,那就是敬畏天、地、君、亲、师的儒家思想。他围绕儒家的思想和学说，针对中华文化中的价值观、中国智慧和中国品格畅谈见解，有力地驳斥了中华文化不如西方文化的论调。

谈及中华文化，必须了解中华文化基本精神的意蕴。文化的具体表现，包括器物、制度、习惯、思想意识等层面，无不和文化精神相联系。从理论思维的高度审视，所谓中华文化的精神，实质上是中华民族的民族精神。民族精神，广义上是指导中华民族延续发展、不断进取的思想，也是民族文化的主导思想；就其性质而言，它是伟大的、卓越的精神；就其表现形式而言，它渗透在民族文化的优秀传统之中。中华文化的基本精神，丰富多彩又博大精深，"天人合一、以人为本、刚健有为、贵和尚中"是基本的文化精神。

这里，笔者主要对"天人合一"进行分析。"天人合一"思想之所以受到各方面的高度关注，是因为这不仅和当前的生态文明建设有极高的契合度，也在某种程度上为未来人类与自然的和谐共生指明了发展方向。"天人合一"既是中华文化的基本内容，也是中华文化的基本思想。它也是中西文化的基本差异之一，历史上，中华文化比较重视人与自然的和谐，而西方文化则强调人要征服自然、改造自然。中国古代的思想家一般都反对把天和人割裂、对立起来，而主张天人协调、天人合一。

"天人合一"在历史上有一个逐渐演化的过程。作为思想观念，"天人合一"远在先秦时期就已经产生，但作为一个明确的命题，是由北宋思想家张载提出来的。在他看来，人生的最高境界就是天人协调，"为天地立心，为生民立命，为往圣继绝学，为万世开太平"，完成人道，实现天道，最终达到天道和人道的统一。在从先秦到北宋漫长的历史长河中，无数的思想家，都在探索"天人合一"思想的奥妙。继张载之后，不同学派虽对此各有论断，但是在天与人之间具有统一性的这一点上，均达成共识。

"天人合一"就其理论实质而言，是关于人与自然的统一问题，也就是自然界和精神的统一问题。必须承认，中华文化中的"天人合一"思想，内容十分复杂，其中有积极的观点，也有消极的观点，我们要辩证地分析和对待，直接把古人的思想拿来为我所用，是不可取的，因为时代和环境发生了翻天覆地的变化。中国古代的"天人合一"思想，强调人与自然的统一、人的行为与自然的协调、道德理性和自然理性的一致，充分显示了中国古代思想家对主客体之间、主观能动性和客观规律性之间的关系的辩证思考。一方面，根据这种思想，人不能违背自然，不能超越自然界的承受力去改造自然、征服自然，更不可破坏自然，而只能在顺从自然的前提下去利用自然。另一方面，自然界对于人类，也不是一个超越异己的本体，不是牵制人类社会的神秘力量，而是可以认识、可以为我所用的客观对象。

从宏观视角看，生态环境治理和文化建设也是不可割裂的。生态环境是人类生存最基础的条件，是社会持续发展、文化向前推进最重要的基础。天育物有时，地生财有限。生态环境没有替代品，用之不觉，失之难存。人类发展活动必须尊重自然、顺应自然、保护自然，否则就会遭到大自然的报复。这是规律，谁也无法抗拒。在文明史上，特别是工业化进程中，曾发生过大量破坏自然资源和生态环境的事件，酿成了惨痛悲剧。我们的先人们早就认识到了生态环境的重要性。"草木荣华滋硕之时，则斧斤不入山林，不夭其生，不绝其长也。""竭泽而渔，岂不获得？而明年无鱼；焚薮而田，岂不获得？而明年无兽。"这些质朴睿智的自然观，至今仍给人以深刻警示。在对待自然问题上，恩格斯也曾深刻指出："我们不要过分陶醉于我们人类对自然界的胜利。对于每一次这样的胜利，自然界都对我们进行报复。"

当前，大力倡导绿色发展，就其要义来讲，是要解决好人与自然和谐共生问题。绿色循环低碳发展，是当今时代科技革命和产业变革的方向，是最有前途的发展领域，我国在这方面的潜力相当大，可以形成很多新的经济增长点。必须坚持节约资源和保护环境的基本国策，坚定走生产发展、生活富裕、生态良好的文明发展道路，加快建设资源节约型、环境友好型社会，推进美丽中国建设，为全球生态安全做出新贡献。推进绿色发展，要坚决摒弃损害甚至破坏生态环境的发展模式和做法。要推动自然资本大量增值，让良好生态环境成为人民生活的增长点，成为展现我国良好形象的发力点，让老百姓呼吸上新鲜的空气，喝上干净的水，吃上放心的食物，生活在宜居的环境中，切实感受到经济发展带来的实实在在的环境效益，让中华大地天更蓝、山更绿、水更清、环境更优美，让我们走向生态文明新时代。

《中华文化的感悟》一书，收录的是楼宇烈教授对中华文化的独特感受和认知，任何一位学者和任何一本书，都无法将中华文化博大精深的内涵彻底说清，这需要更多人参与其中，还要从多维度、多层次、多角度进行持续的探索。现在我们要做的，一方面是学习并领悟中华文化的精华，并去其糟粕；另一方面是把中华文化与时代发展诉求相结合，为传统文化注入新的活力，实现传统文化的创造性转化和创造性发展，使之成为民族复兴之路上的源头活水。

人与自然和谐共生乃大道

如今是一个网络文化繁盛的时代,越来越多的人沉迷于微信、微博以及网络短视频,其实这是无可厚非的,但是人作为有精神支撑的生物,仅仅停留在表层的文化体验显然是不够的,还需要读一些有人文宽度、思想厚度的著作,彭富春教授所著的《论大道》(人民出版社2020年版)就是不错的选择。这本书探讨了人与自然、人与人、人之内心的根本性问题,对这些问题思考得越多、看得越清楚,人就活得越自在从容。

彭富春是著名哲学家,现为武汉大学哲学学院教授,早年留学德国并获得博士学位。长期以来,他探索中西方哲学奥秘,出版过《论儒道禅》《论慧能》《论孔子》《论国学》《论老子》《论海德格尔》《论中国的智慧》等系列著作,还有部分著作被译成外文。作为有影响力的学者,他不是书呆子型的学究,主张哲学与日常生活相融。在他看来,哲学并不是板着面孔的说教,而是活生生的、热腾腾的智慧。

《论大道》一书,主要围绕世界、欲望、技术、大道,以及欲技道的游戏五个方面,深入浅出地阐释自然世界和人类社会之间的关系。该书作者认为，欲望是人作为欲望者欲求并占有所欲物的活动，技术是人创造和使用工具制作物的活动，大道是万物的存在本性及其思考与语言的表达，并集中表现为关于人的规定的知识，亦即智慧。人为了实现自己的欲望，需要将靠技术制作的物作为所欲物，但欲望和技术也需要大道或智慧的指引。大道指出，什么样的欲望是可以实现的，什么样的技术是可以使用的。同时欲望自身生成，技术自身生成，它们共同推动大道自身的生成。生活世界就是欲望、技术和大道的游戏，即它们共在共生。

在笔者看来，《论大道》不仅拥有宏大的思想视野，更有着严谨的逻辑思辨，字里行间既涉及关于天、地、人的言说，又充盈着文学的妙曼。这是智慧之书，也是情怀之作。书名中的"大道"是何意？在日常和思想语言中，道或者大道，并非指现实中某一具体地方存在的某一条路或者大路，而是许多与道路自身关联的事物。道是存在性的、思想性的、语言性的、方法性的。总之，书中关于大道的解读深邃又深沉。

在自然界和人类社会中，我们都必须遵循一个"道"，这应该是颠扑不破的真理，是在相当长一段时间内必须遵循的规则。对于"道"的探究，从古至今人们都不曾停歇，在各个历史阶段，也都有不同的剖析和论证。相当长一段时间以来，工业与城市发展迅猛，经济社会发展成为主基调，人类对自然无止境地索取，不可避免地造成了生态系统的失衡。现在，整个社会都意识到保护生态的重要性，认识到人与自然和谐共处的极端重要意义，这毕竟决定了人类命运的走向。于是，对于"道"的认识和探究，再次成为无法绕开的焦点。

　　基于这样的原因，彭富春在《论大道》一书中，对人与自然之道，进行了系统的梳理。他认为，自然首先为人类提供生存的地方，其次给予人类活动的场所，再次馈赠给人类物质资源，最后奉献给人类精神资源。前三种解读是容易理解的，那为什么说自然奉献给人类精神资源呢？书中写道，人的意识领域中，其中一个重要的意识就是关于自然的意识。自然具有多重内涵，而关键的两点，就是自然被道德化和审美化。自然虽然无善无恶，可是自然与人类活动发生"纠缠"之后，就有了善恶之分，被赋予了道德和伦理的意义。自然是一个完美的存在，是美的显现，文学艺术作品中有大量赞美自然的山水诗、山水画、田园牧歌等。说到这里就不难看出，中国是一个诗歌的国度，相当一部分优秀诗篇是自然之诗。而中国绘画的历史，几乎就是一部中国山水画的历史。中国历代绘画作品中，表现自然山水的画作，其艺术价值最高、流传得也最广。

　　自然对于人类社会的重要性，表现在方方面面。人不单是有自主意识的人，也是自然界中的存在。曾几何时，人类自认为是地球上最高级的文明物种，对于自然资源的贪婪索取，导致人类付出了高昂的代价。古人倡导的"天人合一"的价值理念，千年来受到了一致推崇。"天人合一"的思想当然有其合理性，至少提醒人类要敬畏自然，但问题是，中国历史上，先人们在精神上信奉这一思想，而在生产生活中并没有付诸行动。

　　在《论大道》一书中，作者经过逻辑严密的分析后指出，"天人合一"有其历史意义，但是也呈现出静态的特征，一定程度上忽略了人的主观能动性，人类对自然不仅应仰慕和遵从，而且应在保护自然和利用自然方面有更多的作为和担当。故作者从学术逻辑和现实社会的双重考量出发，倡导人与自然和谐共生，这才是科学理性的选择，也是人类的出路，这和当前整个社会倡导的价值理念不谋而合。人与自然和谐共生，其要义是"共生"，强调人在自然中应该是积极的，人与自然是互动的友好关系，不是谁征服谁、谁压倒谁的关系。

概而言之，《论大道》所探讨的，是哲学领域中的本体性问题，这些问题和每一个人都有着千丝万缕的关联。笔者所理解的大道，是人与自然相处之道，这个"道"并不会因为时代的发展而被淘汰或者黯然失色，不论你在乎不在乎，"大道"一定会以各种方式呈现在一个人的思想和行动之中。当然，对"大道"的探究也是一个动态的过程。我们只要遵循人与自然和谐共生的大道，就会发现自然是壮美的，人生的拼搏是值得的，世界也会朝着美好的方向行进。

锦绣山河：
历史之魅与环境之思

我们探究中国历史，不仅可以从政治、军事、经济、文化等方面切入，还可以从地理、环境方面破题。历史作为一个整体，应该也必须从不同的角度对其进行研究，只有这样，才更真实，更有说服力。从历史地理学的角度回望中国之过去，这一研究视角其实一直都受到知识界的重视。作为中国现代历史地理学主要创建人与开拓者的史念海（1912—2001）先生，其系列学术著作和观点影响深远。在建设美丽中国的视域中，读他的著作《中国的河山》（上、下）（陕西师范大学出版社2022年版），能带来诸多的启迪。

探究历史绕不开地理与环境

史念海先生的治学之路本身就跨越不同历史时期。1932年，他考入台湾辅仁大学历史系，1934年加入禹贡学会，协助顾颉刚编辑出版《禹贡》杂志。1948年后，他被聘为西北大学、西安师范学院、陕西师范大学教授，历任陕西师范大学历史系主任、副校长，历史地理研究所及唐史研究所所长，陕西历史学会会长，中国古都学会会长。在长期的学术生涯中，他紧紧围绕历史地理学，孜孜不倦开拓学科新领域，其著作等身，合编为《史念海全集》。

《中国的河山》精选了史念海先生代表作20篇，这些文章曾经发表于《河山集》一至九集、《中国历史地理论丛》等重要学术专著或期刊中。上册主要介绍我国山川地貌、关隘都会，下册重点介绍我国道路交通与军事地理。他将历史文献与野外实地考察相结合，解决了大量文献考证无法解决的问题，为中国历史地理学发展做出了重大贡献。《中国的河山》收录了各类注释2600条，保留并精修原作所有插图60余幅，该书具有较高的学术价值和适度的普及性，为我们认识历史上的中国提供了重要的参照。

地理与生态的变迁，深深地影响着中国历史的走向。在特定阶段，有时甚至左右着历史的脉络。《中国的河山》的开篇《祖国锦绣河山的历史变迁》，以相当的篇幅、优美的文笔，对中国河山进行全景式"素描"，从字里行间不难看出，史念海先生这一代学者对中国山河饱含深情。中国历史发展的整体进程，往往和特定地理环境紧密相连。比如，地理和生态的差异性，使得北方适宜种植小麦、南方适合种植水稻，由此形成不同的生产方式、不同的经济面貌、不同的习惯和民俗，进而形成北方和南方文化的多样化。类似这样的例子还有很多。

河流的环境变迁影响历史

在我国广阔的版图中，河流就如同大地上的血管，扮演着至关重要的角色。任何一种文明的兴衰起落，都与河流有着直接关系。站在宏阔的历史之维可以看出，尼罗河之于古埃及文明、幼发拉底河和底格里斯河之于古巴比伦文明、恒河之于古印度文明、黄河和长江之于中华文明，都起着决定性的作用。对于黄河和长江的起源认知，是一个发展的过程。《中国的河山》中讲道，过去很长一段时间，人们认为长江发源于岷山。到了明代末年，徐霞客远游川蜀云贵等地后，纠正了这项谬误。而黄河源流问题，较之长江更为复杂，远在汉朝张骞通西域时，古人们以为新疆罗布泊为其源头，后来经不断考证才知道其源头在青海。史念海先生认为，不能因过去认识错误就全盘否定探究历史的过程，认识自然世界也好、社会变迁也罢，人们都是在过程中跋涉。认识历史、梳理历史，就是一个不断纠偏的过程。

历史上河流的走向和今天的有所不同。河流走向的变化，不仅折射出环境的变化，也在一定程度上呈现了特定历史时期生产生活、经济社会的变化。史念海先生在《中国的山河》一书中指出，一般河流都有下切和侧蚀的作用，一些河流在历史上不断改道。受气候和地质环境的影响，黄河是中国改道最为频繁的河流。但是黄河到底改道多少次，学界一直都有不同的说法。史念海先生没有给出准确的数字，可是他通过史料考证和田野调查认为，黄河改道都发生在河南荥阳、武陟两县以下的华北平原，最北曾由天津附近入海，最南则夺淮入海。后来又由淮河南入长江，再入海。

除了黄河频繁改道，还有一些河流也曾经历经过改道，比如新疆的塔里木河，100多年前还向东流入罗布泊，现在则由尉犁县东南注入台特玛湖。岭南的珠江本是由西江、北江和东江合流而成。西江、北江和东江曾改道，改道的地方均位于珠江三角洲。河流流经的地方，由于水资源丰富，有利于农业种植，择水而居，是人们的理想选择。此外，水上运输是古代运输的主要方式，在诸多河流两岸，出现过很多充满经济活力的城镇。比如长江中下游的宜昌、武汉、九江、安庆、芜湖、南京等地，都是与水共生的城市。这些城市的发展，也深刻影响着近代中国历史进程。

在中国古代，河流历来受到重视。统治阶层为了使北方的京城连接南方各地，大力开挖人工运河。众所周知的大运河，包括隋唐大运河、京杭大运河和浙东大运河三部分，全长2700公里，地跨八个省（直辖市），通达海河、黄河、淮河、长江、钱塘江五大水系，是中国古代南北交通的大动脉，至今已延续2500余年。同时也要看到，河流有时是一把"双刃剑"，既能养育苍生，也有巨大的破坏力。如黄河在奔腾与咆哮中，携带大量泥沙，年复一年，使得河床不断抬升，导致河水泛滥，严重影响两岸人们的生产生活。南方有很多河流，每逢雨季，洪水就成为一种严重威胁。对江河的治理，一直挑战着先人的勇气和智慧，其实在当下，科学治理河流，并有效利用好水资源，依然是一种考验。

山脉、资源与环境的历史"交响"

纵横交错的河流与湖泊，在中国历史上举足轻重，而一条条的山脉，在社会发展进程中也同样重要。很多山脉是自然资源的象征和代名词，而获取并利用自然资源，一方面是文明进步的表现，另一方面也是生产生活的需要。从南到北很多山脉以及周边地区，蕴藏着水、森林和矿藏资源。比如祁连山脉，可谓"万宝山"，山上的雪化成水，滋养了河西走廊及百万民众，山脉南北的草场是保护环境的天然屏障，而山脉内部，则有种类繁多、品质优良的矿藏，如石棉矿、黄铁矿、铬铁矿等。山脉附近的玉门油田，是中国第一个天然石油基地，在中国近现代工业建设中发挥了巨大的作用。

中国多数山脉及周边，都有着丰富的林木资源。史念海先生在《中国的河山》中指出，在明朝之前，林木资源主要用于修建房屋和生火做饭，人们对林木的砍伐是有限度的。而明朝之后，人口迅猛增长，大片的森林遭到破坏，这严重影响了自然环境。林木资源与森林生态被破坏后，大地沙化、河流干涸、气候紊乱，给生物的多样性带来挑战。对于这一点，英国学者伊懋可在专著《大象的退却：一部中国环境史》中也有过研究。

依托自然资源，新中国成立以后涌现出200多座资源型城市，如鞍山、攀枝花、包头、大庆、松原、克拉玛依、库尔勒、酒泉、大同、阳泉、长治、平顶山、金昌等。这些资源型城市，曾经是地图上耀眼的坐标，可这些年面临诸多挑战，其一是矿产资源开采对生态环境带来影响。在大力整治生态环境的当下，科学开采、建设绿色矿区和绿色油田是必由之路。其二是长期对自然资源的开采，使得部分城市矿产趋于枯竭，经济内生动力与活力不够。社会建设与发展要求这些资源型城市必须转型。

中国的山河总是与自然环境相生相伴。如该书中《河西与敦煌》一文，对此有深入系统的探讨。位于河西走廊西端的敦煌，历史上不仅是绿洲，还有充足的水源，若不是如此，古人就不可能花费几百年时间修建气势如虹的莫高窟。敦煌周边的生态本身就是脆弱的，可是古人并不爱惜周边的绿洲，进行乱砍滥伐，使敦煌的河流水流量锐减，这是历史上的敦煌从辉煌走向没落的关键原因。在探讨历史上敦煌自然环境恶化之内因时，史念海先生持谨慎的学术态度。在他看来，这是一个十分复杂的历史问题，需要后人继续从不同维度进行研究，这样的问题研究越透彻，就越能为生态脆弱地区的建设发展提供参考。其实在历史上，楼兰古国比敦煌的命运更加坎坷，由于缺水和自然环境恶化，直接就消失在漫漫黄沙之中。

历史地理学作为交叉学科，与很多学科都有着内在关联，其研究的问题尤其繁多，一个人或者一本书，无法涉及历史地理学的方方面面，史念海先生和《中国的河山》，其实也是如此。阅读该书，给笔者带来这样的启发：一方面，了解历史、认识历史和解读历史，把地理与环境的要素充分考虑进去，这样的历史就可亲可信，也更有温度和厚度；另一方面，我们对祖国锦绣河山的热爱，不能仅停留在口号上，更要在真切的行动中保护好青山绿水，只有这样才不愧于历史，在当下和未来行稳致远。

生态文化观察

探求古代自然环境变迁之秘

我们回望昨天、探究历史时,往往会从政治、经济、军事、文化等多种角度切入,其实还有一个不可忽略的角度,那就是从历史地理学的视角看时代之变。也许很多历史上的不解之谜,从地理变迁中能找到答案。历史和地理,从来都没有真正地分过家,两者之间总是相互影响、相互交融。历史地理学作为一个交叉的学科专业,从原来的冷门边缘学科专业逐步跃升为热门显学。近年来,越来越多的学者关注历史地理学,寻找岁月变迁中的隐秘。其中,史念海(1912—2001)先生是我国历史地理学的代表性学者。读他的一系列历史地理学著作,让我们借助作者的广阔的眼界,重新审视中国历史文化的沧桑之变,为我们提供了新的认知空间。《中国历史地理纲要》(上、下)(陕西师范大学出版总社2024年版)作为中国历史地理学领域的重要著作,就如同一把重新开启历史之门的"金钥匙"。

历史地理研究由来已久

史念海先生作为中国历史地理学的主要创建人之一,1936年毕业于辅仁大学历史系。1934年加入禹贡学会,协助顾颉刚编辑出版

《禹贡》杂志,并为杂志供稿。20世纪30年代,就在陈垣先生和顾颉刚先生的引导下步入史学殿堂,开始对中国历史地理进行研究。1937年,他与顾颉刚共同署名出版《中国疆域沿革史》,主要代表作有《河山集》《中国历史地理纲要》《中国的运河》等。他那一代的知识分子,具有深厚的家国情怀,其学术研究与民族命运紧密相连。面对日本侵华的危局,他著书立说,大声疾呼,彰显出拳拳爱国之心。

中华人民共和国成立之初,经济凋敝,百废待兴,史念海先生又从有用于世的角度出发,率先冲破沿革地理学的樊篱,努力开拓中国历史地理学的新领域,与谭其骧、侯仁之两位先生一起,开创了中国历史地理学的新局面。他早在1953年就开始着手撰写《中国历史地理纲要》这部学术著作。初稿只是大学课堂上的讲稿,后来反复修改、不断完善,直到30多年后才正式出版。该著作20世纪90年代初版,是历史地理学在中国全面建立的重要标志,在学术界产生了重大影响。

目前重新出版的《中国历史地理纲要》,距初版又过去了30多年。该著作之所以值得再版,是因为这是国内第一部全面、深入、系统论述中国现代历史地理的专著。新版的《中国历史地理纲要》,在原来版本的基础上重新编排,分为上下两册,上册包括历史自然地理、历史民族地理、历史人口地理;下册包括历史政治地理、历史经济地理、历史军事地理。每个章节都随文附有相关地图、形势图、分布图,利于读者学习、掌握相关知识。

中国历史地理学,是探索中国历史时代各种地理现象的演变及其和人们的生产劳动、社会活动的相互影响,并进而探索这样的演变和影响的规律,以利于人们利用自然和改造自然的科学。这是史念海先生对中国历史地理学的概括。中国历史地理学是一门既古老又年轻的科学,从古代的《禹贡》《山海经》《穆天子传》等早期著作算起,具有悠久的历史。中国历史地理学的发展大致分为三个阶段:古代沿革地理的起源和发展,沿革地理向历史地理的演变,现代历史地理学的形成和发展。史念海先生几乎完整经历了历史地理学的发展,是该学科发展的推动者。

历史地理学处于动态的、开放的学术领域,伴随着各学科的发展和现代技术的引入而深入发展。我们常说,只有更多地了解历史、熟悉历史,才能清醒地认识当下、把握当下,稳健地走向未来。历史地理学恰好有这样的现实意义。从当前生态文明建设的视角看,研究历史地理学,不仅可以知晓历史上河流湖泊和自然环境的变迁,对于生态修复和治理,也可以提供重要的决策借鉴。

河流湖泊变迁牵引历史走向

历史地理学视域中,历史自然地理是首要的研究重点。山川河流在漫长时光中,一直处于不断地运动和变化中。尤其是历史上极端的自然环境事件,如火山爆发、地震等,有时会改变地理的格局。人类进入文明社会之后,江河湖泊的不断变迁直接影响历史上人们的生产生活,有时甚至直接决定一个王朝的兴衰。

历史上不同时期,湖泊的数量和规模,和现在有着一定的差异。该书作者在"历史自然地理"一章中,对古代中原地区的湖泊变迁进行了深入的论述。中原地区是我国历史文化的主要发源地之一，这和当时水草肥美的自然地理条件具有直接的关系。一个很简单的道理：历史文化和农业生产，不可能在生态恶劣的地方蓬勃发展，人只有在可持续发展的自然环境中才能不断地生存和繁衍。从这个意义上讲，西北的甘肃、陕西等地在春秋战国之前，自然环境可能比现在要好，否则悠久的古代历史文化，不可能在那里徐徐展开。

历史自然地理中，河流湖泊一直都是学界关注的重心。一部中国社会史和文化史，某种程度上就是一部河流变迁史。水源充沛之地，经济繁盛、文化活跃、人口密集，反之则相反。中国历史的脉络走向，基本与河流变迁走向形影相随。书中指出，黄河中下游及其附近地区湖泊众多，还有一些湖泊面积还很可观，这和今天形成鲜明对比。如山东境内，古代就有奚养、大野、雷夏、菏泽四个大湖。河南境内，古代也有荥泽、圃田、孟诸三个大湖。此外，河南南部的大陆泽（也称巨鹿泽），陕西中部的弦蒲、阳纡、焦获等湖泊规模也不小。

此外，这些大湖泊附近，还有若干小湖泊环绕。这些历史上的湖泊，现在看来都有几分陌生，比如大野，就是《水浒传》里的梁山泊。在唐朝，梁山泊的湖面南北相距300里，东西也有百余里。如此巨大的湖泊，确实壮观无比。伴随着历史生态的演化，众多湖泊淹没在历史深处。我们现在可以想象，当时水波粼粼，一派生机盎然的场景。

非常可惜的是，黄河流域的多数湖泊，慢慢地干涸，这与黄河有着直接的关系。黄河夹杂着大量泥沙，又经常决口或改道。每次遇到这样的情况，黄河夹杂的泥沙就伴随泛滥的洪水漫流各地。中原各地主要的湖泊，群集在泰山以西和嵩山、太行山以东地区，而这个地区，正是黄河容易决口和改道的地区。泛滥的洪水夹杂着泥沙冲入湖泊，必然使湖泊逐渐淤塞。

古代黄河中下游湖泊众多，长江流域就更是如此。由于南北地理和气候的差异，长江流域湖泊有的存在上万年，到现在依然碧波荡漾。但是湖泊之名，古今叫法有别，洞庭湖、鄱阳湖和太湖就是其中的代表。洞庭湖现在处于湖南境内，其实在古代，湖南境内的洞庭湖和湖北中部的湖泊合起来称为云梦，鄱阳湖本名是彭蠡，太湖在有的地区称为震泽，有的地区称为具区。

长江流域的湖泊，也无法逃脱走向萎缩的命运。比如，古代的云梦泽烟波浩渺。清朝之后，由于人口剧增，不断地围湖造田，云梦泽水域一步步缩小，后来在湖北、湖南被人为地切割开来。湖北境内的云梦泽后来又被切割成多个小湖泊。云梦泽是中国历史地理中的代表性湖泊，正是人为的干预和破坏，使云梦泽今天成为一个历史名词，这是文明的遗憾。

古代气候与植被影响社会进程

历史地理研究中，气候和植被同样是备受关注的重要问题。自然现象中，气候和人的关系最为密切。中国从古至今，气候不断变化，直接影响植被的生长。远古的温暖时期较长，秦汉以后，气候变化较为频繁，再到后来，寒冷时期显得较长。历史中的气候变化，在较长时期有所显现，短暂年月中是不可能体现出来的。气候变化，也影响着河流湖泊的变化。古代黄河流域气候湿润，星罗棋布的湖泊对气候起到调节作用。黄河流域湿润的气候，促进了森林的生长发育，而茂密的森林也影响着气候温润的程度。

古代黄河下游及附近地区，森林相当繁茂，植被完好。《尚书》《周礼》以及其他文人墨客的诗文中都有记载。早在周王朝时，道路两旁就要求都要栽种树木，诸侯封国也必须遵照执行。可见，古人很早就知道植树的重要性。同时也要看到，随着社会生产力的不断发展，拓展耕地、建造房屋、生火做饭以及生产生活的其他方方面面，都需要用到树木，这导致植被不断减少。对于黄河流域植被锐减的原因，史念海先生并没有展开分析，但是英国汉学家伊懋可在《大象的退却：一部中国环境史》中，以北方大象不断南迁为个案，对黄河流域植被破坏现象进行了剖析。中国古人追求"天人合一"的理念，从理论上讲应该重视自然环境保护。可是这个理念，并没有被真正践行。人为地破坏黄河流域植被的行为是肯定存在的，可这是不是决定性的要素？一直都没有标准说法。

该书作者认为，古代黄河流域的森林渐渐消失，其主因是气候变得干燥，同时人为破坏也是原因之一。那么，黄河流域气候何时由温润变得干燥？这个界线出现在元朝初年前后。近400多年来，黄河流域旱灾越来越频繁，其生态环境随之恶劣。而长江流域和珠江流域，凭着得天独厚的地理优势，一直以来气候温润、雨水充足、植被茂密且种类繁多。

历史的车轮滚滚向前，到了唐朝之后，南方地区凭着天时地利，经济文化日益强大。但是也要看到，自然地理环境优越的南方，在社会发展起来之后,如何处理好经济建设与环境保护的关系,也随之成为棘手的难题。近年来,不管是南方还是北方,对自然资源的过度开发和利用,使得生态环境不堪重负。如何保护好自然生态环境,科学地开展生态修复与治理,显得迫在眉睫。如何从历史中充分汲取生态智慧,并巧妙地运用到生态文明建设中,是当前历史地理学需要面对的现实之问。

《中国历史地理纲要》作为一部学科领域的开拓性著作,对历史地理学的发展有着奠基性作用。伴随着历史地理学的深入发展,该研究领域也在走向更宏阔的远方。阅读此书,给笔者带来两点启示：一是我们在研究历史时要有宽阔的视角,不能拘泥于某个特定的学科领域,不仅要在现存的文献中汲取学术养分,还要在考古中探寻新发现,要借助人工智能、大数据、遥感测绘等新技术新方法,在山河大地开展实证分析；二是历史地理学作为交叉学科,融合发展是其显著特征,这考验专业研究者的综合素养和知识储备。历史地理学与政治、经济、文化、民族、地质、环境等众多领域都有着"血亲关系",如何处理好专业和学科的融合发展关系,也只有在不断地探索中寻找新路。

运河的命运与历史变迁环环相扣

在辽阔的祖国大地上,无数的河流如同人的血管,连接着全国各地,对于政治、经济、社会、生态建设具有重要作用。而在河流"家族"中,历史上人工开凿的一条条运河,关乎王朝的统治、社会稳定和文明的发展。图书《中国的运河》(山东人民出版社2022年版)以宏阔的视野,向我们展示了一幅幅与运河盛衰相关的社会图景。

运河与历史的进程关系深远

《中国的运河》是我国历史地理学领域的重要著作,该书作者史念海(1912—2001)先生是著名的历史学家、中国现代历史地理学创始人之一,他与谭其骧、侯仁之并称中国历史地理学研究"三杰"。史念海先生20世纪就读于辅仁大学历史系,后一直从事历史地理研究,新中国成立后曾经担任陕西师范大学副校长、陕西省历史学会会长、中国古都学会会长等职务,其主要学术著作有《河山集》、《中国的运河》、《中国历史地理纲要》、《中国疆域沿革史》(与顾颉刚合著)等。

优秀的学术著作，并不会因为时间的流逝而被淹没，《中国的运河》就是如此。该书初版于1944年，当时中国历史地理学还处于初创阶段，能有这样的著作问世，是历史地理学研究之幸。该书的出版也激发了人们的爱国热情和对祖国河山的认同感。后来，史念海先生根据40多年的野外实地考察所得，大幅补充甚至重述书的内容，成就了如今的这个版本。史念海先生在新版《中国的运河》中除修订差错、补充遗漏外，对书中47幅地图也进行了全面精修，增加了书的学术分量。

《中国的运河》以运河变迁为切入点，网罗历史事件与其中的朝代更迭，让我们看到了运河交织着的无数赞歌和悲剧历史。史念海先生也以此书跨出传统沿革地理研究，展现了历史上人类活动与地理变迁相互影响的辩证关系。此书兼合了历史和现实，开启了中国运河历史研究的先河。

此书不仅讲运河的前世今生，也讲运河史上的历史故事。一部中国运河史，一方面是反映人与自然之关系的历史，另一方面，也是运河与各时期社会状况交互影响并关乎朝代兴替的历史。书中，基于严谨考据的观点俯拾皆是。比如，史念海先生在书中提出，隋代的灭亡和隋炀帝修运河造成苛政有关；唐朝之所以兴旺，得益于前朝留下的运河遗产；元朝因为迁都至北方，直接影响运河修建的方向，竟造就中国历史上一大变局。

总体上讲，此书意在阐明运河与历史的进程关系尤其密切，这拓展了我们对中国历史认识的视野。同时，书中所表达的"为世所用"的态度，将书的落脚点放在为现实提供方略上。比如，为使运河得到整修，必须恢复黄河中上游流域的植被覆盖，只有这样，才能逐步减少黄河中下游的泥沙淤积。书中的很多见解和主张，对于当前运河的保护和利用，具有积极的启示作用。

运河的命运并非一帆风顺

运河与自然河流是相对的概念，运河主要是指依靠人工修建的河流，其中还包括对自然河流的疏通和利用。在古代社会，水上船舶运输较陆地上的车马运输经济而又省力，只要河流抵达的地方，无论路途多么遥远，统治的权力都可以触及。先秦之前，统治者就意识到河流之于统治的深远意义。另外，在各地的经济生活中，河流扮演的角色也同样重要。

春秋战国时期，各地的统治者纷纷开凿运河，但当时运河的长度和工程规模都不大，加上时间久远，这个历史时期的运河遗址并不多见。中国最早的运河修建于何时？在《中国的运河》一书出版之前，人们对此众说纷纭，即便是久负盛名的《史记》中都没有提及。

有人认为，从淮安到扬州的淮扬运河（又称邗沟），是中国最早开凿的运河。史念海先生通过文献查阅和实地调查，认为最早开凿运河的地方应该是在楚国，也就是现在湖北江汉平原的北缘，当时这一区域属于古云梦泽，是沼泽之地，在开渠修建运河方面有天然的便利条件。他在书中引经据典，进行了严谨的分析和推理。

不仅如此，史念海先生还对荷水、淄济之间和成都城中的运河，鸿沟系统中的运河等的开凿起源、用途也进行了科学论证和分析。

先秦时期开凿的运河，并没有形成很大规模，当时各地相互征战，运河主要用于战争中兵粮的运输，而非经济互动。现在看来，两千多年前的中国，到底有多少条运河，运河有多长，起止地点在哪里，人们对这些问题都无法进行准确的回答。只有伴随着考古学的深入推进，才能有更完整、清晰的认识。

伴随着历史的不断发展，尤其秦朝统一中国后，特别是到了隋唐时期，全国各地的经济和社会交往日益频繁，运河的真正作用才开始凸显。从某种程度上讲，运河的修建、维护和利用，与历代王朝的"国运"相连，历史越是往后发展，运河在社会进程中的地位越是重要。

该书作者在第一章"隋代运河的开凿及其影响"中指出："运河的开凿固然可以促进全国的统一，而统一之后更需要运河来构成交通的系统。"众所周知，隋朝的统治才短短的37年，但是开凿运河用力最多，超过了此前任何一个朝代。但在运河开凿中"用力过猛"，也直接导致王朝的崩溃。

隋朝和唐朝定都长安，为了便于统治和全国经济商品的流通。在科技水平十分低下的情况下，完全依靠人工开凿运河，其工程量是巨大的，花费的钱财、投入的人力和时间更是无法具体计算。运河的命运并不是一帆风顺。尤其是唐朝"安史之乱"后，社会动荡，经济凋敝，民不聊生，运河遭受淤塞、阻断和荒废的厄运。可以这么讲，只有在社会安定的背景下，运河才能发挥其积极作用。运河在历史兴衰起伏的时光中缓缓流过，运河的发展史，也是历史的变迁史。

运河兴衰是历史的一面镜子

现在，我们熟知的大运河，其实是运河的总称。大运河始建于公元前486年，包括隋唐大运河、京杭大运河和浙东大运河三部分，全长2700公里，跨越地球十多个纬度，地跨北京、天津、河北、山东、河南、安徽、江苏、浙江八个省（直辖市），纵贯在中国华北大平原上，通达海河、黄河、淮河、长江、钱塘江五大水系，是中国古代南北交通的大动脉。

隋唐之后，大运河的一个重要的作用，就是实现漕运的功能。在大运河成为漕运的主体水道之后，漕运借助大运河沟通南北，将漕粮转运到全国大部分地区，这成为各个朝代调剂物资、制衡社会的有力手段。尤其是古代社会经济重心南移后，出现了政治、军事重心与经济重心分离的状况，漕运对于各朝代的政治、军事意义更加突出。朝廷年复一年地进行着南粮北运，漕运几乎供应京城所有居住人员的日常食粮，并支撑着历代王朝的正常运转。

与此同时，漕粮成为支撑历代军事体系的重要物质基础，历代王朝分布各地的庞大地方驻军、漫长边境线上的防御与进攻、四方征讨的各种战事，许多都是以漕粮作为强大物质后盾的。漕运对城镇盛衰的影响最为明显。随着运河的开通和运输条件的不断改善，一大批城镇随之兴起。漕运带来的交通便利与商品流动，城镇的日趋兴盛，促成了运河沿岸市场网络的形成。仅京杭大运河两岸，先后涌现出北京（通州）、天津、沧州、德州、临清、聊城、济宁、徐州、淮安、高邮、扬州、镇江、常州、无锡、苏州、嘉兴、杭州、商丘、开封、郑州和洛阳共计21座大运河名城。运河沿线城镇的兴衰，多与运河的流畅与否、漕运的正常运行与否紧密关联。漕运盛，则运河旺，运河城镇也随之兴旺发达。近代以后，漕运逐渐衰败，运河运输功能日益减弱，运河沿岸城镇随之衰落。这也从另一个方面说明漕运、运河、城镇之间的依存关系。

在20世纪下半叶的中国，伴随交通技术日新月异、大型水利工程的投入使用和自然环境的变迁，历史上流淌上千年的大运河，其作用和功能再也不像往日那么重要，曾经一度遭受"冷落"。

进入21世纪后，人们充分意识到大运河历史与文化价值、现实的使用价值和生态环境价值，于是大力重启对大运河的保护和利用。2014年，中国大运河列入世界文化遗产名录。申报的系列遗产分别选取了各河段的典型河道段落和重要遗产点，包括河道遗产27段，总长度1011公里，相关遗产共计58处。遗产类型包括闸、堤、坝、桥、水城门、纤道、码头、险工等运河水工遗存，仓窖、衙署、驿站、行宫、会馆、钞关等大运河的配套设施和管理设施，以及一部分与大运河文化意义密切相关的古建筑、历史文化街区等。

2021年，中国大运河迎来更加难得的发展机遇。国家有关部门专门出台大运河文化保护传承利用的实施方案，随后又出台大运河国家文化公园建设的保护规划，按照"河为线、城为珠、珠串线、线带面"的思路，加大管控保护力度，促进文旅融合带动，将大运河国家文化公园建设为新时代推介中国形象、展示中华文明、彰显文化自信的亮丽名片。

概括起来讲，《中国的运河》一书，对历史上中国运河的前世今生进行系统研究和梳理，为中国运河这一伟大文明成就提供了难得的文本参考。运河的命运，是中国历史发展走向的一面镜子，在国力强盛时，运河展示出应有的活力，发挥了重要作用，反之则亦然。当前的这个时代，是运河命运最好的时代。如果史念海先生在天有灵，必定是欣慰的，这毕竟是一位有爱国情怀的历史地理学家心之所愿。

从博物学的维度解读中国近代史

近 300 年来,伴随全球工业革命、资本经济、科学技术的发展,整个世界向现代化进行转向,这是不可抵抗的趋势。但是,世界进程并非齐步走,而是极不均衡的。尤其是以英国为代表的西方国家,为了开辟海外的贸易市场,大搞殖民主义,加速了世界贫富的分化。第一次鸦片战争之后,清朝国门被迫向英国打开,心怀不同目标的英国人深入中国内地,从事形形色色的活动。这些英国人当中,就有一些博物学家,通过各种方式和手段,采集动植物标本,从事田野考察。可惜,这些历史往事,在当代中国已经鲜为人知。《知识帝国:清代在华的英国博物学家》(中国人民大学出版社 2017 年版),对于从他者的维度解读中国近代史,提供了新视角。

英国拥有热爱博物学的传统

《知识帝国:清代在华的英国博物学家》作者范发迪(Fa-ti Fan),主攻科学史、环境史和东亚史,1999 年获得威斯康星大学麦迪逊分校博士学位,现在美国纽约州立大学宾汉姆顿分校担任副教授。对于中国历史的研究,他另辟蹊径,在参考大量学术文献的基础上，从清代在华的英国博物学家的独特的视野出发，探索近代中国别样的历史叙事，令人耳目一新。全书分为"口岸""地域"两个部分，由"中国商埠中的博物学""艺术、商贸和博物学""科学与非正式帝国""汉学与博物学""内地的旅行与实地考察"五个章节构成。博物学研究是19世纪在华欧洲人最广泛的科学活动，该书从"文化遭遇"的观点去检视博物学史，从博物学的视角剖析近代中国与西方世界的交流和碰撞，并特别关注文化遭遇下的知识传统和文化霸权问题，从一个全新的"切口"揭示了近代中国在知识领域的顿挫与转折，为学界研究中国近代知识转型开辟了新路径。

在现代学科分类体系中，其实并无博物学之说。但是100多年前，博物学在英国备受关注，因为博物学在某种程度上就是自然学的代名词，涵盖了植物学、动物学、地质学、气象学等知识领域，博物学要求对物象进行观察、描述、记录、分析，并与旅行有着不可分割的联系。在清朝，英国各行各业的群体中，几乎都有博物学专家及其狂热的爱好者，有的擅长植物标本采集，有的热衷于昆虫标本搜集，还有的对地质地理甚为迷恋。但是，博物学和今天以实验实证、数理推演为基础的自然科学存在巨大的差异。正是因为英国拥有庞大的博物学爱好者群体，所以英国的自然科学发展水平，在相当长时间内遥遥领先。

作者在《知识帝国：清代在华的英国博物学家》一书中，在对博物学家进行群体"画像"的同时，也深刻地分析了科学、文化、政治、地理之间的紧密联系。阅读这本书不难看出：世界的发展进程，是多因素综合作用的结果。其实在英国博物学家们抵达中国之前，在西方世界的著作中，就记载着有关中国繁华城市和奇花异草的各种传说。独有的草木飞禽，不仅在文本记录中，还在中国瓷器及各种工艺品的图案造型中，它们吸引着英国博物学家来华考察和探险。

第一次鸦片战争后，中国国门初开之时，英国博物学家只能在广州等有限的区域内进行考察。由于清政府规定英国人不能随意到租界以外地方自由走动，因而博物学家只能在市区，严格来讲只能在商品交易市场中收集标本。其实这也不足为奇，即便在英国本土，博物学家也时常到市场上"寻宝"。后来第二次鸦片战争后，英国人能通过沿海通商口岸，顺着珠江、长江直奔中国广袤的内地，这为博学家们采集各种动植物标本，提供了难得的机遇。

英国博物学家在华的田野考察

深入中国内地的博物学家们，其实也没有几个是职业性的专家，很多人的身份是使节、商人、传教士、船员等。当时由于交通运输的不便，对于他们而言，只能把注意力放在植物学标本的采集中。该书记录了他们在中国内地采集植物学标本的经历。这些博物学家们，最远抵达西北、东北，但多数集中在西南、华中、江南等地。博物学家们以乘船、坐轿、骑马、步行等方式，来到了内地。英国人黄头发、白皮肤、高鼻梁、蓝眼睛的相貌，引起中国人的好奇。无论他们走到哪里，都有大量的中国人围观看热闹，有时他们在屋子里休息，屋子外面被围得水泄不通。起初，英国博物学家们颇不适应，这在他们的礼仪和价值观中，显然是不礼貌和没有教养的表现。但是他们很快就发现，因为东西方文化的差异，中国人的表现其实和教养无关。

在多数英国博物学家眼中，中国人勤劳、淳朴、友善。在野外采集植物标本时，他们必须依靠中国农民带路，有时还要依靠农民帮忙挑运行李。尽管博物学家们给的费用少得可怜，但是朴素的农民并不计较，在长途跋涉中任劳任怨，其吃苦耐劳的精神，令人称赞。有些博物学家发出感叹，中国人如此勤勉，但是清朝政府却腐败无能。社会等级和贫富悬殊的程度，也超乎了他们的想象。博物学家们在中国不仅采集植物标本，还记录中国底层人民的生存状态和风俗习惯。但是，博物学家们也意识到，并不是所有中国底层的穷苦人都是好欺负的，尤其是在晚清时代，因为贸易、土地、信仰之间存在分歧和矛盾，也经常出现流血冲突。

英国博物学家在华的植物学考察活动中，对茶树进行探究，是其中最感兴趣的内容之一。道理其实很简单：这和英国人也爱喝茶的习惯有关。其中一名叫福钧的英国人，在中国茶区考察的过程中，平息了一场为时已久的有关不同茶叶种类的争论。欧洲博物学家长久以来，对红茶和绿茶是否属于相同的茶树很困惑。而在考察中吃惊地发现，中国人极为富有智慧，能把同一棵树上采来的叶子，分制成红茶和绿茶。红茶和绿茶，有的只是不同的栽培品种，而非属于两种不同的茶树。

中国不堪重负的时代成为历史

100多年前，航运是连通世界的主要方式，英国的博物学家在中国采集的各种植物标本，必须通过轮船运回本土。书中讲道，活体植物标本不仅运输价格昂贵，而且运到英国后存活率极低。一类植物，通常需要准备上百个标本，但是最后能存活的可能只有一株植物，因此在当时的英国，但凡来自中国的植物品种，价格都极为昂贵。英国国内，有多种组织鼓励年轻人远赴中国，到这片古老的土地上搜罗物种。尽管开出的价码不高，且存在不可预知的风险，也总有大批的年轻人跃跃欲试。因为在他们看来，这也算是一次旅游的绝佳机会。毕竟远方的中国，是一个拥有深厚历史文化传统的东方大国。当时的英国，不仅派专人到中国进行博物学科学考察，还派人去非洲、澳大利亚和更远的南美洲等地进行博物学探险。这从一定程度上讲，表明英国国力强盛，科学研究氛围浓郁。

　　晚清时代，大批英国和其他西方国家的人，来到中国内地，而博物学家仅仅是其中的一个群体。主观上讲，博物学家到中国腹地，目标只是科学研究，而从客观上讲，这也算是外国人主动探究中国"家底"，从战略上来看，对中国构成了潜在的安全威胁，这一点毋庸置疑。从表面上讲，这些英国博物学家看上去满腹经纶、彬彬有礼，颇有绅士风度，而本质上与西方殖民者有着千丝万缕的关联。除了英国人，还有法国人、德国人、日本人等，晚清时代在中国腹地的科学考察，或多或少具有殖民的色彩。如当时的德国地质地理学家李希霍芬，也是几次来到中国，考察地质与矿藏资源，他曾在《李希霍芬中国旅行日记》中直言不讳地表达，如果山东成为德意志在华的势力范围，将来必然受益无穷。事实上，后来也确实如他所料。

清代，尤其是晚清时代，整个中华大地内忧外患、积贫积弱，正是因为晚清当局和西方列强签订了一系列不平等条约，成群结队的西方人才得以进入中国腹地。当时在华的英国博物学家们，尽管都具有居高临下的优越之感，可是他们内心也都意识到，中国这头沉睡的东方雄狮，哪一天一旦醒来，世界都会为之侧目。晚清的中国，和当下的中国今非昔比，无论世界如何变幻，那个不堪历史重负的时代，已经一去不复返了。

中国植物是如何走向世界的

广袤的中国大地,拥有极其丰富的自然资源。其中,多样性的植物在世界上占据重要地位。晚晴时期,伴随着中国国门的被迫打开,很多研究自然资源领域的外国人来到中国,怀着不同的目的,开展植物系统考察和采集。其中,E.H.威尔逊就是其中的代表,他把考察经历整理成《中国:世界园林之母:一位博物学家在华西的旅行笔记》(以下简称《中国:世界园林之母》):(北京大学出版社2022年版)一书,该书原版于20世纪30年代出版后长期备受关注。虽然过去近百年,可该书对于我们认识中国瑰丽的植物世界,依然具有科学价值和文化价值。

11年4次到中国采集植物

威尔逊(E.H.Wilson,1876—1930)是英国园艺学家和植物学家,被誉为"植物猎人"。他曾获得英国皇家园艺学会"维多利亚"荣誉勋章,并担任哈佛大学阿诺德树木园主任。清朝末年,他前后用11年时间4次深入中国西部采集植物。《中国:世界园林之母》一书对此进行了详细记载。而该书译者胡启明,是中国科学院华南植物园研究员，长期从事植物学研究，作为专业人士翻译此书，确保了该书中文版的阅读品质。

《中国：世界园林之母》之所以长期受到关注，是因为该书将文学形式与科学内容融为一体，既有学术性，亦有趣味性。该书共30个章节，威尔逊以游记的形式记录了来中国考察的所见所闻。他不仅用大量笔墨描述了沿途所见植物、作物等，同时也记录了当时中国的地理地貌、社会文化、民俗历史等。威尔逊深入观察和记录中国之行，开宗明义地提出了"中国乃世界园林之母"的观点，不仅强调了中国植物对世界园林的贡献，也回顾了前人在中国采集植物的工作。

从16世纪开始，就陆陆续续有外国人来到中国采集植物，并将中国植物引入世界各地，丰富和拓展了世界植物种植的版图，如肯宁汉、林奈、福琼、戴维、德拉维、法格斯等。威尔逊来到中国，已不是一般普查性的泛泛采集植物，而是目的十分明确，要求非常具体，说直接一点，他就是来"淘宝"的，不仅采标本，还采收种子、插条、接穗、鳞茎、苗木等，并将这些植物引种至西方，进一步开发利用。

威尔逊前两次来华受英国维奇公司派遣，主要目的是采集新发现的珙桐种子和美丽的绿绒蒿，均如愿以偿，并获得许多其他有价值的观赏植物，轰动了整个西方园艺界。后两次受美国哈佛大学阿诺德树木园派遣，把目标对准了那些具有观赏和经济价值的乔木和灌木种类，特别是耐寒、能适应北美环境的植物种类。

11年中，威尔逊共采得5000种植物，寄回1500种植物的种子，还有许多鳞茎、接穗和插条，后有1000余种植物引种成功，在西方落地生根。他惊叹"中国中部和西部遥远僻静的山区简直就是植物学家的天堂，乔木、灌木和草本聚集在一起，复杂得令人茫然失措"。他认为中国西部之植物，是全球丰富的温带植物区系。这个论断不仅被学术界公认，而且随着工作的不断深入，对中国植物丰富程度的认知还在不断提高。据目前资料统计，中国约有3万种植物，其中食用植物有2000余种，药用植物有3000多种。特别是一些古老的裸子植物，现在在北美和欧洲只有化石记录，但仍然存活于中国。著名的活化石"水杉"，就主要集中在重庆万州和湖北利川。

与中国植物零距离接触

威尔逊作为植物学家，不仅对中国植物非常痴迷，对于中国的历史地理、风土人情、社会运转都有浓厚的兴趣。他来到中国的那个时代，是中国积贫积弱、社会凋敝的时代，而当时的英美等国家历经工业革命，社会经济科技迅猛发展。他来到中国大地，内心深处不免有一种天然的优越感。中国丰富的植物资源、地质地貌和边远山区农民的生存现状，通过他零距离观察和记录，在书中的字里行间，都有直接的体现。

威尔逊在中国进行植物考察，以湖北西部的宜昌作为起点，沿着长江进入四川的广袤地区。对于宜昌的植物生长记录，他写得极为详细。他在第四章《宜昌的植物》中写道："宜昌树木的数量不是很多，但其种类之丰富却令人吃惊。春季，白花泡桐和楝巨大的圆锥花序引人注目。到了秋季，乌桕满树红叶，非常显眼……柞木多用作路边祠、社的遮阴树。常见的树种有皂荚、盐肤木、化香树、枹栎、香椿、枫杨。"此外,他还对很多树木也进行"画像"。他是植物学知识储备异常丰富的学者,如同地质学家对不同的岩石化石如数家珍。

在第五章《湖北西北部的一次寻花之旅》中,威尔逊如实记录了寻找花草树木的难忘经历。1910年6月,他带着几个随行的民工,在崎岖的山路中跋涉。俗话说,最美的风景在常人难以抵达的地方,他的经历正好印证了这一点。他在书中写道,在连山路都没有的地方,他只好攀岩,在一处山顶俯视四周,看到很多梯田。对此他很感叹,中国人勤劳肯干,凡是能种庄稼的地方,都不会让土地闲着。当时的中国人口繁衍迅猛,若不开垦土地进行种植,就难以养活更多的人口。在探寻植物的路途上,他时常遇到很多意想不到的困难,而他没有退缩。植物对于他而言,有一种巨大的魔力。

作为"植物猎人",威尔逊并非只写见到的植物,对于植物所依存的地理、地质、土壤、气候等要素他都予以描述。其原因很简单:一种植物能在一个区域长期繁衍,并不是孤立的,需要各种外在的必要条件。第六章《森林与巉崖——穿越湖北—四川边界》中,就对植物生长的环境进行这样描述:"我们进入四川东部第一天……再次身处坚硬石灰岩峭壁之中,其景色与长江峡谷及其邻近地区极为相似。土壤板结,为黏土壤,山崖上大部分有树木,最常见的乔木和灌木与湖北的种类相同。华山松极多,巴山松也常见,还有怪样的云杉和铁杉。"当时他前往四川探寻植物,虽然困难重重,可他时常想象更多的植物可以被发现,就有了前行的动力。在四川野外,他发现了野生的月季花,这让他格外激动,这是他第一次见到真正的野生月季花。

在野外考察植物,威尔逊对于四川的山民们有良好的印象:质朴、善良、能吃苦,做事任劳任怨。他每到一个偏远的村落,山民们都带着巨大的好奇心看热闹。毕竟,外国人到这些地方是罕见的。在阆中一带,他对这里的村镇和风俗,也不惜笔墨记录。在他看来,四川这一古老地区,农村集市体系都经精心设计,农耕高度发展,很多陵墓修建讲究,妇女形象健美。成都平原给他留下深刻印象,他认为这里是中国最富庶、土地最肥沃、人口密度最大的地区,平原上的树林种类繁多,桤木沿溪边、沟边极多,是主要的燃料来源。在平原偏北的地方,喜树很多,在村落里,竹子、栎树、苦楝、皂角树、楠木最为常见。桑树、柘树普遍,这直接促进了蚕丝业的发展。其实当时不单是成都平原,整个中国的产业,都和农业种植有直接联系。

中国植物的世界影响

中国植物种类之丰富,这是威尔逊来华之前没有想到的。第二十一章《中国西部之植物——全球最丰富之温带植物区系简介》和第二十二章《主要用材树种》等篇章中,对此进行了详细叙述。在描述植物区系时,他将植被垂直分布利用示意图予以展示。在他看来,中国植物分布在暖温带、温带、寒温带、亚高山带、高山带、高寒荒漠带。由于海拔的不同,植物种类的分布也各不相同。在所有的树种中,他对竹子情有独钟。其实竹子在中国不光是主要的用材，还受到文人墨客的青睐，这种植物象征着百折不挠精神。他在书中写道，生长在四川的楠木，是制作家具、建造房屋的重要材料。此外，红豆木作为最珍贵的木材，备受当时中国人的追捧。

中国作为传统的农业国家，是世界上栽培作物八大起源地之一。当今世界上主要栽培的1500余种作物中，有300种起源于中国，如大豆、绿豆、赤豆、水稻、大麦、茶叶、油桐、大白菜、榨菜、茭白等。属于中国原产的果树有50余种，如桃、李、杏、枣、柿、板栗、柑橘、柚子、金橘、荔枝、龙眼、中华猕猴桃等。中国观赏性植物也极为丰富，如山茶属共280种，中国有238种；杜鹃花属共960种，中国有540余种；报春花属共450余种，中国有300种……从这个维度讲，正如威尔逊所言："中国是世界园林之母。"此外，中国利用植物保健、治病的历史由来悠久，中草药更是一个宝库，"青蒿素"就是著名的例子。

近百年来，许多中国植物已引种到世界各地，不仅栽培成功，还取得进一步发展，有些还形成了经济发展的支柱产业，因此被称为"影响世界的中国植物"。如茶树，现在在印度、斯里兰卡、印度尼西亚和肯尼亚都大面积种植。甜橙引种到美国后，培育出了著名的华盛顿甜脐橙。其中，直接与威尔逊有关的是中华猕猴桃。1900年，他在宜昌栽培这种植物，很快受到外国居民的欢迎，人们称为"宜昌醋栗"，同时他也将种子寄回英国皇家园艺学会和美国农业部引种站。1904年，新西兰女教师伊莎贝尔探访她在宜昌从事传教工作的妹妹时，将从威尔逊栽培的猕猴桃获得的少许种子带回新西兰。正是这些种子，使得猕猴桃种植业发展成为今日新西兰的支柱产业，猕猴桃也成为一种新型水果,风行全世界。

观赏植物更是不胜枚举。正如威尔逊在书中所写,在美国或欧洲找不到一处园林没有来自中国的植物,其中有美丽的乔木、灌木、草本和藤本。可以这么讲,没有中国植物不成为园林。尤其是北美,引种中国的乔木和灌木在 1500 种以上,美国加利福尼亚州的树木花草有 70% 以上来自中国。

除了直接引种成功,转化为商品推广应用的种类外,还有许多种类被用作选种、育种的原始材料,培育出了许多新奇美丽的新品种。如鄂报春,原本是一种不起眼的杂草,广布于我国中南和西南部。1879 年由宜昌引种到英国,经多年选育,现在已成为主要花卉,广泛栽培于世界各地。威尔逊在第二十五章写道:"诚然,我们使这些种类得到进一步的改进,几乎改变了它们原来的面貌,以至于现在中国要从我们这儿得到新的变型和变种。然而,如果没有这些原始材料,我们今日之庭园和温室花卉会是何等的贫乏。"

通读此书,我们不难发现,中国植物种类之所以丰富多样,主要有三个方面的原因:首先是国土辽阔,从北温带一直延伸到热带,欧洲、美国和其他温带地区都不具备这一条件;其次是中国有 40% 的地方在海拔 2000 米以上,包括许多隔离的山系,提供了多样的生态环境,孕育了不同的植物种类;最后是自新生代中新世以来,当北半球气候渐渐变得不适合植物生长,特别是在第四纪冰川时,中国没有直接受到北方大陆冰盖的破坏,只受到山岳冰川和气候波动的影响,基本上保持了比较稳定的气候,其连贯的陆地,使北方的植物可向南方迁移,找到避难所,免于灭绝。

《中国：世界园林之母》，不仅向全世界揭示了中国植物资源的丰富和多样性，还特别提及西方的植物种植深受中国的恩泽。威尔逊给我们展示的植物世界，是100多年前的中国。近年来，中国不断加大植物资源的保护力度，尤其是对植物多样性的高度关注，使得中国大地上的植物，出现蓬勃生长的状态。我们关注植物的昨天和今天，本质上就是倡导人与自然和谐共生，携手走向未来。

中国乡村建设的"美丽"之道

目前，我国社会建设的步伐逐渐加快，无论是在熙熙攘攘的城市，或是宁静遥远的乡村，变化越来越快。城市聚集着大量的资本和人才，其建设无论从哪个角度看，较乡村而言优势显而易见。如何不断缩小城市与乡村的发展差距，已经成为社会广泛关注的话题。在中国现代化进程中，如果说城市是发展极，那么乡村就是稳定器。乡村建设的速度和质量，从一定程度上讲，关乎中国未来之命运。《"内生模式"美丽乡村建设：鄂州市梁子湖区建设实验》（以下简称《"内生模式"美丽乡村建设》）（人民出版社2017年版）一书，以生态、人文、美学三重维度，从理论到实践，针对美丽乡村建设提出了新观点和新方法，这为正酣的美丽乡村建设提供了知识借鉴。

美丽乡村建设的主体是农民

该书第一作者叶云教授目前在湖北大学艺术与设计学院任职，兼任武汉科技大学新农村建设研究中心顾问，长期专注于乡村建设与景观规划等领域的研究。近年来，他和研究团队成员袁心平、李一霏等青年学者，围绕乡村建设的"美丽"问题，深入湖北鄂州村落、开展调查、研究、设计和各种专业实践。《"内生模式"美丽乡村建设》一书,就是他们头顶露水、脚踩泥土,在乡村的田间地头取得的创新性理论成果。

书中,作者在基于"政府主导、村民主体"的"内生模式"美丽乡村建设理论引领下,围绕"见山、见水、见乡愁"的建设目标和"一村一品、一村一景"建设要求,以湖北省鄂州市梁子湖区乡村建设实践为案例,提出了包括村落规划、居民改造、景观设计、生态建设、村落形象推广的一揽子"美丽"构想。在此基础上,进一步探索中国乡村建设的"美丽"之道。书中并没有对乡村建设理论和景观规划一般原理进行说教式的呈现,而是大量举证且运用研究团队在乡村建设中的大量实景图,增加了全书的可读性。

改革开放40多年来,很多农村地区的居民,依靠勤劳的双手,不断提升自身的生活水平。一些致富的农民,从20世纪90年代就开始大力改善居住条件,尤其是在中东部地区,农村里一栋栋小洋楼拔地而起,蔚为壮观。农民修建房屋、向往美好生活当然无可厚非,但是由于文化水平、知识视野的局限性,不少农民在修建房屋的过程中,缺乏基本的审美常识和环境保护观念,导致很多房屋从外观上看没有多少美丽可言。这几年来,乡村基层组织和广大农民们,已经意识到这个问题,面向"美丽"寻求突围。《"内生模式"美丽乡村建设》一书的出版,可以说正合时宜。

书名中的"内生模式",是指从原有事物的内部寻求突破,有"自食其力"和"守正创新"两层寓意。这个概念原本是经济学领域的专业提法,为了给美丽乡村的设计、规划和建设提炼出有内涵的词汇，该书也借用了这个词汇。然而，在叶云教授看来，美丽乡村规划与建设视域中的"内生"，除了自然资源、生产力和生产关系的诸多综合要素之外，更多地与历史、人文、艺术多了几分关联。若更直接地讲，美丽乡村的规划与建设，除了政府力量之外，农民的主动介入、主动作为是内生性的力量。

事实上，美丽乡村建设的主体是农民，应该赋予农民对新农村建设、规划、实施的决策权，最大限度地发挥农民的主动性、积极性和创造性，把村集体经济建设作为主要任务，促进村社共同体的发展，最终把村民组织起来，产生"内生活力"，让农民们自主地建设自己的家园。建设美丽乡村不是空洞的口号，它聚合着历史传承、民风习俗、价值偏好等内容。看得见、摸得着、留得住，是美丽乡村建设的基本诉求。

彰显自然与人文：乡村建设的"美丽"选择

俗话说，思路决定出路。在美丽乡村的规划与建设中也同样如此。作者在书中提出，乡村规划设计过程中，要遵循"全民发展、生态优先、合理利用、持续发展"的总体方针与策略。全国各地乡村经济发展水平不同、地理环境不同、民俗文化不同，乡村规划与建设不能采取"一刀切"的简单模式。无论是在东部地区、南方地区，或是在中部、西南和北方地区，进行乡村规划设计和建设时，都要在呈现特色方面下功夫。若简单挪用其他农村地区设计与建设的框架模式，无异于东施效颦。

在美丽乡村规划与建设的实践过程中，有一些现象值得警惕。

例如，我国徽州地区青瓦白墙的乡土建筑，古朴、简洁、雅致，具有浓郁的"中国风"。于是，遥隔上千公里的某些省份，在乡村房屋、景观的规划与建设过程中，无视本土的乡土文化与风格的传承，进行全盘复制。这样势必形成三个方面的后果：一是盲目建设斩断了本土的文脉传承，"乡愁"被连根拔起后荡然无存；二是推倒重来耗费人力和钱财，无视原有资源的再次利用；三是大张旗鼓的建设活生生地破坏了自然生态，环境保护面临考验。作者在书中之所以倡导"内生模式"，其实是对当前乡村规划与建设"对症下药"。

也许有人觉得，坚守美丽乡村，只要有足够的经济资本，其他都不是事儿。秉持这种观点，其实是一种暴富心态和审美无知的表现。乡村建设是一个综合工程，需要因地制宜、通盘布局。书中以鄂州万秀村建设为例，提出了"水之韵、鸟之家、竹之锦、枫之语、荷之梦"的营造目标。这凸显出生态优先的思想，且适用于当地的自然环境和农业生产方式。每一地的乡村规划与建设，只有也只能从内部寻找"灵感"，方能真正找到"美丽"之道。

笔者感兴趣的是，在保护环境和不花大本钱的前提下，乡村如何围绕现有的民居，在修缮或改造中体现美丽之品位？书中，一张张民居原景图、设计方案图和修缮后的实景图的对比，无形中交出了令人信服的答案。笔者对于叶云教授团队在民居改建的细节处理方面尤为欣赏。例如，为了民居更加牢固和美观，适当增加半开敞的木廊，院落中种植造型独特的树木，墙面角落摆放几口陶缸或者马灯等，在增加乡土气息的同时，还平添了想象和诗意。乡村原来民居中的旧砖瓦、旧物件，只要在乡村规划和建设中合理利用，瞬间就会"变废为宝"。

该书除了在民居的规划与建设方面"大做文章"之外，对于农村公共活动场所的设计和建设，也较为重视。比如，农民对于阅读有着越来越强烈的需求，再则书香社会建设成为时代趋势，书中，对乡村书吧的设计，融合了绿叶、植物、书籍、环保等主题，体现出浓郁的设计美感。再如对乡村戏台、乡村宗祠等的设计与修缮，也彰显出民族文化的传承之美。

总体而言，美丽乡村建设是一个系统工程，它需要多方力量参与、多种要素交融、多种知识支撑。譬如，一个乡村民居即便有着极强的审美价值和艺术观感，若和周边的自然、人文环境相悖，这种美丽其实是一种幻象。呼唤整体之美，是美丽乡村建设的方向。中国进入新时代，发展步入新征程，美丽乡村建设正处于关键时期，需要新作为。树立科学的建设思想，以"绿水青山就是金山银山"的理念为先导，彰显传统与乡土文化的基因，在"内生模式"和"一盘棋"的思想格局下，中国乡村才会真正如诗如画。

景观营造与城市建设的自然之道

伴随着生活水平的日益提高,人们已经不满足基本的吃穿住行,对于身处的环境也提出了更高的要求。不管是生活在城市或者乡村,身边怡人的景观都能给人带来美的享受。对于景观,或许有人持狭隘的观点:不过就是植树栽花,修个凉亭或者池塘,是可有可无的点缀。无论是乡野风光、风景园林还是人文景区,都与我们的日常有着紧密的联系。环顾四周,我们就是生活在一个景观构建的社会里。《景观笔记:自然·文化·设计》(生活·读书·新知三联书店2019年版)这本书,为我们认识自然、理解景观、感知城市提供了知识借鉴。

追求自然是景观营造的方向

该书作者王向荣教授曾任北京林业大学园林学院院长,是国内著名的园林学者,曾经出版《多义景观》《欧洲新景观》等著作。该书收录的52篇文章,凝聚着作者对人与自然、人与社会、人与文化等的深入思考。所谓景观,是建筑、植物、地域、水域的集合,具有公共性和开放性的特征。而我们惯常提及的园林,具有私密性、封闭性的意味，比如留园、网师园、何园等。景观囊括了风景园林，有着更广阔的理论与实践尺度，发展态势具有综合性、复杂性。书名中的自然、文化、设计三个词汇，其实已经昭示作者的学术路向。

　　景观总是与自然相依相存的，自然是景观的基础，也是景观营造的方向。在开篇《自然的含义》一文中，作者对自然进行了扼要的梳理。自然，分为不同的层级。第一自然，就是人类活动没有对其产生太多影响的自然界，比如山脉、江河、沼泽、峡谷等，也就是我们耳熟能详的自然遗产。第一自然是最为宝贵的遗产，伴随人类活动的增加，原始的自然面积正在急剧锐减。第二自然，就是生产的自然，是人类为了生产生活而改造的自然，比如田野、牧场、人工树林等。在人类生活的地区，这类自然占据的面积最大。第三自然，是美学的自然，比如现在城乡中的风景园林和各类景观。第四自然，是被损害并经过修复的自然，比如矿山公园、工业遗址公园等。不同层级的自然，都有特定的景观特点和景观形态。生活中的每一个人，都存在于自然世界中，或者说生活在不同的景观之中。

　　原始的第一自然，是令人神往的，可惜我们每天忙于生计，忙于工作，不可能每天享受山野的习习凉风，我们大部分时间身处第二自然和第三自然中。田野景观和人类的关系最为密切，同时也是历史和文化的重要载体。很显然，田野景观不单单是用来欣赏的，更关于生存。当前，很多城市在进行景观设计时，为了增强人们对农业的认知，在景区种植小片的水稻、油菜，这充分勾起了人们心中的乡愁，是一种接地气的景观创意。

　　人们关注景观，谈得最多的其实是城乡的公共景观。不同区域、不同文化背景下的景观，特色各不相同。中华民族热爱自然，讲究"天人合一"，中国历代园林模仿自然、再现自然，彰显了人与自然的和谐共生。中国古代园林，欣赏功能多于实用功能，尤其自明清以来，读书人、有钱的商人和告老还乡的高级别官员，成为园林营造的主体，中国建筑、书法、绘画等元素，在园林中得到了综合呈现。尤其是南方的苏州园林，将山、水、植物、建筑有效地融为一体，颇为雅致、隐逸，具有浓厚的文人色彩，园林也升格为"艺术作品"。而西方历史上的园林，讲究实用价值，很多园林除了种花种草，还种蔬菜、瓜果，外观上则是规则的几何形状，工工整整的，比如法国凡尔赛宫的园林、维兰德里城堡园林等就是典型的代表。

进入工业社会之后，古代园林景观的建造理念、方法、目标等，都发生了巨大变化，尤其是城市里，景观不再是私人享用的私密空间。作者在《无可替代的生态系统》一文中，就城市景观、绿色和可持续发展等问题，阐释了观点。如今的大城市，由自然系统和人工系统组成。自然系统包括水域、绿地，人工系统则是指建筑和生活基础设施。当前很多城市，为了追求景观之美，常常违背自然的规律。例如，有的城市不顾及地理、气候因素，盲目进行"南树北植"；北方有的城市用水紧张，在营造公共景观时偏偏打"水牌"，大规模地开挖水池、湖泊。有的南方城市在营造公共景观时，热衷用木板铺陈地面。殊不知，南方潮湿多雨，木板用不了几年，就会在雨水的侵蚀下腐烂，造成极大的浪费。笔者认为，城市景观营造具有高度的综合性，在规划之初要充分考虑自然系统和人工系统的融合，不能各自为阵。最重要的是，城市景观营造要因地制宜，尊重自然生态规律，要善于"就地取材"，否则，千城一面的城市景观，只会让城市"走向"丑陋。

顺应自然是城市建设的遵循

城市规划和建设是一个系统的工程，古人很早就知道，城市建设必须要有相应的自然系统作为支持，要合理处理好土地、水域、建筑及人口的关系。如杭州的西湖、南京的玄武湖、福州的西湖、南昌的东湖等，在古代实际上就是水利工程，是保护城市安全，保证人们生活和生产的重要基础设施。今天的土地利用方式和古时有很大的不同，城市也更加综合复杂，人口密集，社会经济活动高度聚集，城市在规模变得越来越大的同时，在自然调适方面却越来越弱，越来越不具有适应环境变化影响的弹性。

在面对自然或人为的环境变化时，有些基础设施完备的现代城市，并没有强大的抵御灾害的能力，一场暴雨、一次台风都可能造成巨大的灾难和损失。该书的作者认为，当代城市建设要倡导"弹性城市"理念，即加强城市生态系统自我修复能力的建设。另外，还要树立"海绵城市"的理念，城市要像海绵一样，在适应环境变化和应对自然灾害等方面具有弹性，下雨时吸水、蓄水、渗水、净水，需要时将储存的水及时释放并加以利用，减少雨水地表径流，改善水质，增加土壤湿度，丰富城市的多样性。

自然环境支撑系统，在一定程度上决定了城市的兴废。在生态脆弱的中国西北地区，古时曾有很多城市，但是当湖泊干涸、大地断流、绿色消失之后，城市也随之消失了，楼兰古城就是典型的例子。现在，人们在城市建设和景观营造过程中，尽管意识到了环境与自然的重要性，但是城市建设和管理职能被不同部门"切割"，解决城市问题的方法看上去越来越专业，但也出现了以单一目标为导向的建造，如道路为了交通、水渠为了引水、河流为了排洪、堤坝为了防洪、园林为了美化，尽管这些目标明确，每项工程看似合理，但要警惕城市变成各类基础设施拼贴的产物，导致城市失去有机性，自然系统变得支离破碎。城市建设和景观营造，需要统筹考虑，整体推进，不能昨天挖水渠，今天修道路，明天搞拆迁。城市如果成为无休无止施工的"大工地"，那么人们距离健康、宜居、环境优美的城市生活目标，不是更近，而是更远。

近年来，城市似乎越来越热，空气越来越污浊，噪声越来越大，物种越来越单一，这些情况直接影响人们的健康。很多城市的雾霾天数增加，蓝天白云成为人们共同的向往。城市雾霾是如何形成的，有很多原因，如何消除雾霾，很多学者有不同的解决方案。其中人们普遍达成一个共识：一阵阵的自然风，能吹散雾霾。而现在的问题是，城市的楼房越来越高、越来越密集，在无形中阻碍了自然风的流动。该书作者认为，当前的城市建设，必须考虑空气的流通，留出沿着主导风向的通风廊道，这是城市景观规划和营造的要点，因为风道可以将城市外围清洁凉爽的自然风引入城市，穿城而过，将污浊的空气带出城市，使得城市和健康的生物一样，具有呼吸的能力。

城市本身就是一个系统的景观，在这个"大景观"中，水土保持问题长期困扰着城市建设者。我国是一个多山的国家，山区面积占据土地总面积的三分之二，且我国大部分地区属于季风气候，降水集中并多有暴雨，这些都是容易产生水土流失的自然原因。我国很多城市位于山区，如果水土保持出现"故障"，人们生命财产都会受到威胁。在有些城市，人们为了修建城市景观带，无视山地自然的特质，进行大面积的削山，使得山体和植被被破坏，一旦遇上持续降雨，就会诱发滑坡、泥石流和山洪。当前，作为"大景观"的城市，如果土地不合理使用，没有充分的绿地空间，过度进行地表硬化，城市就没有收缩的余地，城市及生活在城市的人们，将会面临系列的生态麻烦。阅读该书后，笔者得到这样的启发：我们越是亲近自然、靠近自然、尊重自然，生活才会越来越美好。

健康生活
诗意栖居

我国自 1978 年改革开放以来，经济社会发展取得巨大成就，人们的生活水平快速跃升。但我们同时也要看到，在社会建设过程中，自然生态环境逐步恶化，人们的健康风险也在逐步增加。而健康是人们幸福生活最重要的指标，同时也关乎子孙后代的繁衍。因此，"健康中国"战略也成为这个时代的必然选择。"健康中国"战略不仅要求医疗卫生服务体系不断完善，还与所有人休戚相关。从我们的生活环境、居住条件方面看，健康显得尤为重要。关于居住生活空间的健康议题，现在受到广泛关注。《健康景观设计研究》（科学出版社 2018 年版）一书，为我们全面了解这一问题提供了参考。

《健康景观设计研究》作者潘锋是湖北大学教授，长期从事景观设计研究工作。近年来，他涉足景观设计中的健康问题研究，《健康景观设计研究》即其理论与实践探索的结晶。书中，作者从中国传统人居健康环境营造的视角出发，首先梳理了健康景观生成、演变、发展的地理背景、哲学基础、人居模式、艺术表达形式等内容；随后，选取传统人居环境作为研究特例，讨论并梳理了传统人居环境本身有关健康关怀设计的部分做法，进而阐明现代健康景观的功能特点和构成元素；最后，结合现实中的有关案例，分析了现代健康景观的设计原则、设计要素和设计方法。

　　谈到居住生活空间的健康问题，健康景观设计已经成为衡量品质生活的重要标准。我们经常会发现，很多楼盘在策划营销广告时，把绿色、水域、山林、空气作为最大的亮点。房地产商非常清楚：人们花大价钱购买的不仅仅是房屋，还有使人保持身心健康的优美环境。中国有着悠久的生态传统和养生智慧，人们乐于让住所与山水为邻，也就是俗话说的"讲究风水"。这里的"风水"，不是迷信，而是暗含科学、健康与审美。古人们早就清楚，居住在怡人环境中，是最实用的养生之道。

　　坦率地讲，我们生活中的很多人，其审美素养存在缺陷，认为物质和财富是"硬菜"，艺术修养只是"花瓶"，可有可无。以城镇建设为例，20世纪八九十年代，房屋内外墙装修时流行贴瓷砖。贴瓷砖是无可非议的，可是对于不同性质的建筑，理应区别对待。城市里有历史底蕴的老建筑，在改造过程中也赶时髦贴瓷砖，就让人哭笑不得。在一段时期内，曾出现"万屋一面、千城一面"的现象。在乡村，也存在同样的现象。高度雷同的城乡景观背后，藏着的是大众文化品位、艺术素养的"营养不良"。这里还是以贴瓷砖为例，当时瓷砖质量参差不齐，有的瓷砖存在污染，有的甚至存在隐性毒素，成为人们的健康"杀手"。

　　这几年来，人们已经不满足于"居者有其屋"，对于居住的环境也重视起来。追求健康的、绿色的、人文的居住生活空间，已成为社会达成的广泛共识。正基于此，景观设计界也秉持同样的理念，努力贡献方略和智慧。或许有人认为,景观设计就是栽一些花草,修几条小路,垒几座假山,挖一个水池。其实景观设计大有学问,它是艺术家族中的重要成员。我们耳熟能详的北京皇家园林、苏州私家园林,就是艺与技的完美结合。在古代,自然环境没有受到工业的干扰,园林设计中的健康要素,可以说并不太显著,而当代社会就不同了,我们身处工业文明的包围之中,健康理念已经成为居住生活空间中的第一要义。

目前,虽然人们已经在居住空间设计中践行现代的健康理念,但是对于"健康景观"的内涵,其实还没有完全达成共识。作为大众而言,这种"嚼舌头"的概念或许不重要,可是在学者潘锋看来,厘清其概念内涵,对于深入推进城乡居住空间设计及建设,具有长远的指向意义。他认为,健康景观是指从可持续发展意义上讲,有益于人类身心健康的景观空间和场所,它整体系统地考虑如何通过健康景观来塑造健康人居环境,进而有益于人类的身心健康。在笔者看来,健康景观设计与建设,不仅仅是对"健康中国"战略的简单呼应,也体现出人们对美好生活的向往。

在居住生活空间的设计建设中彰显健康理念,一马当先的当然是医疗机构。潘锋认为,医疗机构的景观设计与建设,不仅要兼顾统筹土壤、水域、植被、光线之间的关系,还要对医疗建筑群落进行综合布局,充分考虑患者的活动便捷性和心理反应。医院本该是健康的策源地,而现实中的医院,从建筑规划到景观设计,其"健康"并没有得到充分彰显。现在很多医院为了扩大规模,纷纷搬迁到城市的郊区,这不利于救死扶伤,不利于传递"健康",对于急病患者来说，从遥远的地方赶赴医院，无疑会耽误治疗。还有的医院，在环境规划时不考虑实际情况，居然在很多小路铺设鹅卵石，走这种道路对于身体虚弱的患者而言，简直就是活受罪。也有的医院，就地修建医疗建筑，机器的轰鸣声不绝于耳，丝毫不考虑采取降低噪声污染的举措，这让患者心烦意乱，"健康"似乎遥不可及。

在居住生活空间的设计与建设中彰显健康理念，广大农村地区是不能回避的。这些年农民收入增加，纷纷修建"高大上"的楼房。在有些偏远山区，农民修建房屋时不考虑地质环境因素，乃至将房屋修建在危险的滑坡山体边；还有的农民则把房屋修建在公路边，每天"吃"灰尘，久而久之必然会身患疾病；也有的农民即便修建了美丽的房屋和院落，但是周边污水横流，垃圾遍地，健康受到了威胁。《健康景观设计研究》一书中提到，在进行农村居住生活空间设计与建设过程中，必须遵循顺应自然、友爱互助、绿色节俭的基本原则。笔者认为，在进行农村居住生活空间的设计与建设之前，首先应使农民的思想观念保持"健康"。有的农民不仅修建四五层高的房屋，其院落也有整个篮球场大，造成了土地资源的浪费。还有的农民在房屋建设过程中，把家里的老物件统统扔掉，使"乡愁记忆"无影无踪。农村居住生活空间设计与建设，需要因地制宜，学会"就地取材"，不盲目跟风、讲排场。此外，居住生活空间设计要与特色种植养殖等结合起来，与农村经济建设统筹推进。

城乡居住生活空间中的健康问题，是绕不开的社会焦点，牵涉各个领域。若从景观设计学的维度看，《健康景观设计研究》这本书，通过系统解析景观设计与健康生活的关联机制，提供了从理论到实践的价值借鉴。总体上讲，健康生活与诗意栖居是景观设计的努力方向，也是每一个人的期盼。

生态文化观察

传统村落保护
与利用正当其时

传统村落是我国宝贵的文化遗产，蕴含着丰富的历史文化信息，被誉为"民间文化生态的博物馆""乡村历史文化的活化石"。无数地域特色鲜明的传统村落，如同奇珍异宝洒落在祖国山河大地。科学保护和利用传统村落，不仅仅是为了留住传统文化、留住乡愁，也是为了建设美好家园，拥抱幸福生活。《湖北大别山传统聚落活化利用研究》（武汉大学出版社 2022 年版）一书，以特定的区域为地理单元，遵循科学的理念，从历史、文化、环境、建筑、景观等多个维度，探讨传统村落的保护与利用之道，这对于乡村振兴具有现实的借鉴意义。

该书作者李丽媛是武汉科技大学副教授，多年来专注于传统聚落、景观规划等领域的研究与实践。《湖北大别山传统聚落活化利用研究》主要面向大别山区，以位于湖北红安、麻城、英山、蕲春、罗田、团风、大悟和孝昌的八个县市为研究"点位"，全书共分为七个章节，重点围绕大别山村落的形成、发展、特征、价值、保护、利用等系列问题，进行深入浅出的分析；专门以大别山区的九房沟古寨堡建筑群、祝家楼村、向阳村等作为研究个案，对传统村落保护和利用的现状、存在的问题等进行"把脉问诊",提出保护和利用的应对之策。尤其值得一提的是,为了厘清大别山传统村落的建筑技术和装饰工艺,作者进行了大量的田野调查,专门用计算机制图软件编绘了村落历史演变图、村落平面图、建筑平面图、建筑结构图,体现出研究科学严谨的治学态度。

一般来讲,聚落和村落的含义相近,聚落更有历史的穿越感。聚落也好,村落也罢,其实都指向农业、农民和农村。大别山区有着深厚的历史底蕴,尤其是红色文化资源颇为丰富,同时也云集着一批传统村落。大别山区见证了岁月的沧桑巨变,同时,这一区域的经济社会发展,一直以来都面临挑战。如何让大别山区传统村落在乡村振兴中焕发勃勃生机,这是《湖北大别山传统聚落活化利用研究》的核心和重点。

该书第三章对大别山区传统村落进行生动"画像"。若对传统村落特征不能如实掌握,那么传统村落的当代价值彰显、保护和利用都无法兼具有效性和针对性。在传统村落研究过程中,既要关注影响力广泛的传统村落名居,同时也要拓展视野,对那些看似平凡的传统村落给予足够的关注,只有这样,传统村落研究才能向深拓展。湖北大别山区传统村落,虽然没有北京四合院、徽派民居、福建土楼那样广泛的知名度,但是依然可圈可点。该书作者能够聚焦湖北大别山区传统村落,这本身就是一种研究的勇气。这个区域的传统村落建筑,主要分为民居建筑和公共建筑,而民居建筑又分为无围合排屋建筑、围合式天井建筑及街屋建筑。其中,围合式天井建筑是典型代表,其空间要素包括堂屋、边房、天井等。景观特征方面,这一区域传统村落景观因具有无意识自发的特性，呈现出自然灵活的特点。在建筑装饰方面，整体风格朴素清旷，建筑装饰顺应建筑材料的特性，因地制宜，因材施艺，其装饰工艺以砖雕、石雕、木雕、彩画为主。

湖北大别山区传统村落中的民居建筑，多为合院式，房屋与墙体四周围合，中间形成天井，天井有采光、通风、排水等多种实用功能。建筑外墙下部勒脚多为青石砖筑，可防止雨雪风霜和地下潮气的侵蚀，增强了民居的整体稳定性；上部是加厚的清水砖墙，以增强保温性能。此外，也采用了类似徽州民居的具有防火防盗作用的马头墙，既有装饰作用又能发挥实用功能。这一区域传统村落中的建筑，体现出环境生态、空间形态和人文情态三者的有机统一，村落规划布局、合理的生态设计和健康有益的人居环境交融在一起，人与自然和谐共生的思想得到充分彰显。过去那些修建民居的工匠们，尽管没有系统学习建筑与规划理论知识，但他们深知人与自然友好相处的深远意义。曾经的能工巧匠怎么也不会想到，当初修建的传统建筑，今天会成为建筑科学中的一笔宝贵财富，为当代建筑设计与研究提供重要养分。

该书第五章结合当地的经济社会发展现状，对于如何保护利用大别山区传统村落，开出了"药方"，如建设乡村休闲旅游度假区、新型养老社区、大学生科研教育基地，发展特色产业、教育培训及创建数字博物馆等。目前，不仅湖北大别山区传统村落保护受到高度重视，全国各地都是如此。如何利用并盘活传统村落资源，需要在科学和实践两个方面进行探索。一段时期以来，居住在传统村落的居民，为了改善家庭生活质量、增加经济收入，纷纷外出务工，有一些村落处于"空心"状态。加上环保意识薄弱，传统村落及周边的人居环境令人忧心。还有的建筑中村落，夹杂着毫无设计风格的建筑，严重影响视觉审美。阅读《湖北大别山传统聚落活化利用研究》一书之后，对于传统村落的保护和利用，笔者有四个方面的思考。

首先是树立人与自然和谐共生的意识。传统乡土社会里，人们对山脉、河流、草木都充满敬畏，虽然当时的人们对科学技术掌握有限，但是深知人若要生存繁衍，就必须对自然环境悉心呵护，在自然资源的利用方面必须有所节制，不能随意挥霍。当现代科技助推社会发展之后，自然环境遭受的破坏越来越大，传统村落的保护一度受到挑战。近年来，伴随着乡村自然环境修复力度的不断加大，传统村落的保护和利用迎来了机遇。无论从哪个角度看，传统村落的保护必须与自然环境保护结合起来，若偏离了这个方向，传统村落的明天是迷茫的。

其次是做好传统村落的科学规划。不管是哪一种规划，必须持科学求真的态度，下足调查研究的功夫，传统村落的规划和保护也是如此。一方面，要利用现代的信息技术手段，摸清传统村落"家底"，追根溯源，进行分类统计；另一方面，传统村落的科学规划，要尊重历史传统和风土人情，充分听取居民建议。当前有些地方，对传统村落进行抢救式保护的初衷虽无可厚非，但是在执行过程中，有时犯了心急的毛病，很多规划和构想既不科学，也不周全，项目草率上马，投入了大量的人力、物力、财力，最后的效果却不尽如人意。还有的地方在传统村落的保护性修复中，甚至破坏了传统村落的历史风貌。

再次是要引导居民积极参与。保护和利用传统村落，归根到底是为了让村落里的居民过上幸福生活，强化对家园的认同感，助推地方经济社会高质量发展。在利用传统村落资源的过程中，不能与民争利，否则就会本末倒置。现在多数传统村落的居民，科学文化水平整体有所提升，具备参与公共事务的能力。各地在保护和利用传统村落时，不仅要在政策、资金、就业方面主动为居民提供支持，引导居民参与其中，也要在感情方面给予多方面的支持。当前，伴随着网络新媒体的普及，各地要引导传统村落的居民学会并利用好网络平台，对农家特产进行网络直播带货，还要鼓励乡贤能人在网络平台积极推荐，讲好传统村落的时代故事。

最后是走融合发展之路。传统村落如果仅仅停留在保护层面，那么就只是为了保护而保护，这并非长久之策。现在很多人在城市生活久了，希望到有特色的村落去旅行度假，那么生态环境良好、生活设施齐备的传统村落，无疑是理想的选择。传统村落保护与利用，要与文旅、康养、教育等结合起来，既要保护好，还要利用好，两手都要抓，不能让传统村落仅仅停留在"美丽风景"的单一层面。传统村落本身就是演绎建筑历史与科学的鲜活课堂，要鼓励建筑与规划类的高校师生来此开展户外教学、采风和研究，这在无形之中，必然带动传统村落的经济增长。处理好保护和利用的关系，传统村落在未来才会更有生命力。

全国各地对于传统村落的保护和利用，可谓八仙过海各显神通。

《湖北大别山传统聚落活化利用研究》将理论与实践相结合,具有现实的参照和借鉴意义。传统村落见证了我们先人筚路蓝缕的历史轨迹,这是一笔丰厚的科学与文化资源。我们要保护好传统村落,活化利用这一遗产,让传统村落在现代化建设的征程上释放新动能。

达尔文与化石的不解之缘

我们熟知的查尔斯·罗伯特·达尔文（Charles Robert Darwin, 1809–1882），是生物学家和进化论创始人，他以科学巨著《物种起源》闻名于世。但很少有人知道，进化论的传世，与达尔文破解化石一个又一个的谜团有直接的关系。《达尔文的化石：构成进化论的诸发现》（商务印书馆 2024 年版）一书独辟蹊径，讲述的就是达尔文与化石的不解之缘，这为我们重新认识达尔文及其学说，拓宽了视野。

该书作者阿德里安·李斯特是英国伦敦自然史博物馆地球科学部科研负责人，作为古生物学家，他出版过多部著作，在说明对达尔文的化石研究领域的重要性方面，做出了许多重要贡献。《达尔文的化石：构成进化论的诸发现》一书分为六个章节，详细介绍了达尔文在著名的"小猎犬号"环球考察中的重要发现和探险故事，涉及加拉帕戈斯群岛的飞鸟、千万年的动物化石、绮丽莫测的珊瑚礁，以及神秘的石化森林……书中不仅对化石进行了细致的介绍，还披露了许多考古细节和重要人物之间的联系。翔实可靠的文字辅以大量精美的插图，为我们讲述达尔文深入人迹罕至之地搜集珍贵化石并找到生物间的联系，进而得出自然进化论的过程，极具科普价值。

1809年，达尔文出生在英国一个名叫什鲁斯伯里的小城，家庭条件优越。他在青少年时期，对植物、动物、地质都有着浓厚的兴趣。然而父亲希望达尔文子承父业，长大后当医生。达尔文尽管在16岁时进入爱丁堡大学学医，却对地质学、动物学等课程更感兴趣，花了很多时间旁听这方面的课程。地质学中的地质板块运动、岩石分类、化石年代划分等相关知识，都是他迫切想知道的。后来，父亲得知达尔文"不务正业"，一怒之下将他送到剑桥大学改学神学，希望他将来成为一名尊贵的牧师。然而，达尔文却在此结识了一批搞自然科学研究的教授，开始接受系统的植物学、地质学训练。

正是由于达尔文在地质学方面有丰厚的知识储备，他才有机会随同"小猎犬号"进行环球科考。书中梳理了达尔文乘"小猎犬号"周游考察的来龙去脉。1831年，"小猎犬号"从英国普利茅斯港扬帆启航，这次航行彻底改变了人类对自我和大自然的认知。在五年的科学考察中，他涉足山川、海洋、岛屿和冰原，结交了不同种族的人，有着诸多不平凡的经历。达尔文在"小猎犬号"之旅中，表现出的自然史兴趣是全方位的，他除了采集动植物标本，还采集有代表性的化石标本。他在南美等地的大部分时间，用来观察和记录岩石，探索地质构造。他采集化石，从贝壳到石化树，再到巨型哺乳动物的遗骸等。达尔文说过："'小猎犬号'之旅是我生命中最重要的事件，决定了我的整个职业生涯。"他在五年航旅生活中的所见所闻，引导他深入思考自然界，质疑关于自然起源的既定观念。他认真研究化石标本，这为提出进化论提供了重要的依据。

在回到英国的数月之内，达尔文写下了第一批关于进化的笔记。

20多年后，这些笔记促成了《物种起源》出版，这是至今最有影响的著作之一。在《物种起源》的开篇，他就总结说，多亏了"小猎犬号"之旅，才使他认识到进化论的两个关键因素：一个是动物和植物属种的分布，尤其是它们在岛上的分布；另一个是化石证据，特别是现存物种与灭绝物种之间的关系。

长期以来，地质古生物学一直是破解物种进化之秘的钥匙，而那些有代表意义的生物化石，又是地质古生物学研究的重要对象。自然界物种的演化研究，包括人类的演化研究，无不是在化石中寻找蛛丝马迹。如今，地质古生物学的研究无论是从横向还是纵向来看，都在深度拓展，地球生物学正在逐渐替代地质古生物学。达尔文所处的时代，现代地质学研究向前发展，地质古生物学研究也取得多项进展。达尔文凭着地质古生物学的知识积累，在当时也算是名副其实的地质学家，否则，在五年的科学考察中，他不可能会辨认出岩石和化石的区别，不可能采集到有价值的化石，更不可能通过化石有新的发现。

《达尔文的化石：构成进化论的诸发现》一书，详细介绍了达尔文诸多重要化石发现，细致描述了化石的样貌、所属动植物或海洋生物特征，并对这些化石如何引导达尔文提出进化论进行了生动的叙述。如通过牙齿化石和颌骨碎片，达尔文推断小小树獭的古老亲戚是与犀牛一样大的巨兽；通过岩层中的贝壳和螃蟹化石，达尔文得出海洋与陆地的变迁对生物进化的影响……"动物如果在不同岛屿上生活得足够久，应该会变得不同"，这些古生物化石启发他找到不同生物间的血缘关系，发现物种在不同大陆间的迁徙，悟出"物竞天择、适者生存"的道理。

  阅读该书，给笔者带来两方面的启示。一方面，对自然界抱有浓厚的兴趣，是科学发现的前提。如果达尔文在青少年时期对自然万物无动于衷，对化石标本压根就不关注，他便不会钻研其中，也不会兴致勃勃跟随"小猎犬号"进行科学考察。现在的自然科学研究中，好奇心和惊异感依然非常难得，这直接影响一个人能在科学之路上走多远。另一方面，具备渊博的科学知识，是进行科学创新的基础。达尔文对动物学、植物学、人类学、地质学等都有系统的认知。将这些领域的知识融合起来进行综合研究，必然带来科学创新，这也是当前科学界大力倡导不同科学领域交叉融合的原因。事实上，长期在单一的研究领域"打转转"，是很难有重大科学突破的。就拿当前的化石研究来说，它不仅是地质学领域的专属，对古生态环境和气候变化的研究，也具有重要意义。

动物对于人类历史的贡献

在浩瀚无垠的宇宙中,地球不仅是人类赖以生存的家园,也是一切生物的生存之所。在地球的生命系统中,动物的存在尤为重要。在相当漫长的历史时空里,人类和动物是平等的物种。但是当人类主宰地球之后,人类与一些动物的关系发生转折,有的动物被人类驯化,在人类的生产生活中默默贡献力量。读《伟大的共存:改变人类历史的8个动物伙伴》(中信出版社2022年版),让我们从另外一个维度认识动物对于人类的重要性。这是一部动物视角的全球史,反人类中心主义的力作。

动物影响人类历史进程

该书作者布莱恩·费根(Brian Fagan)是世界知名考古学家和人类学家。除了这本书之外,他的著作《气候变迁与文明兴衰:人类三万年的生存经验》《小冰河时代:气候如何改变历史(1300—1850)》《大暖化——气候变化怎样影响了世界》《海洋文明史:渔业打造的世界》等的中文版本也均在国内出版。《伟大的共存:改变人类历史的8个动物伙伴》综合历史学、考古学、人类学、气候学、生物学等多学科研究成果，打破人类中心主义叙事模式，展现了一幅"人类驯化动物，动物改变人类"的宏大历史画卷，疾呼善待这些人类历史的朋友，构建人类与动物和谐共处的命运共同体。狗、马、牛、驴、猪、骆驼、山羊、绵羊8种被驯化的动物，对我们来说并不陌生，它们经常出现在我们的日常生活及各种文艺作品中。鲜为人知的是，它们不仅仅是人类的食物、工具和萌宠，还对整个人类历史有着深远影响。没有它们，人类历史文明是缺失的。

人类历史文明的书写，长期聚焦于"人"本身。从乔治·布封（1707—1788）写作《自然史》开始，历史就不再只是人类的历史。《伟大的共存：改变人类历史的8个动物伙伴》正是继承了这种自然史的精神，将人类最为熟悉的8种动物，置于历史的语境中加以审视，为我们提供了一份独特的阅读体验。

众所周知，地球至少有46亿年的历史，人类是很晚才出现的物种。农业的出现不过一万多年。而广义上的"文明人"在地球上却已生活了200万年。换言之，在原始社会中，人类99%的时间是在狩猎和采集中度过的。长期以来，人类与动物基本是平等的，人只是动物中的一份子。绝大多数时候，其他动物是人类的猎物，而在有些时候，人类也可能是动物的猎物。

狗是人类驯化的第一种动物，这是人类没有想到的。狗是人类狩猎采集时代的产物。当时，面对冰河期结束、全球急剧变暖带来的挑战，人与狼在狩猎过程中结为命运共同体，狼慢慢变成了狗。和人一样，狼也是群居动物，生活在组织严密的狼群中，是所有捕食者中最具团队精神的动物之一。狼是如何变成狗的，这是一个复杂的生物进化问题，具体的发源地和时间则是众说纷纭。一方面，最早的狗化石证据是来自德国1.4万年前的一块下颌骨化石，这些考古学证据支持狗起源于西南亚或者欧洲；另一方面，狗的骨骼学鉴定特征显示狗起源于狼，狗的东亚起源之说由此提出。

狗进入人类社会，在不同场合与人类建立起亲密关系。狗与人类合伙打猎，引发了狩猎革命。作为人类最早驯化的家畜，狗与人类文明发展有着千丝万缕的联系。对于狗，西方人不仅用精美的艺术作品加以歌颂，还视其为最忠实的守护者。在中国，狗一直都是家庭的特别成员，是人的朋友，就连体现悠久民俗文化的十二生肖，狗也名列其中。

动物是社会发展的推手

山羊和绵羊的驯化，一开始就从根本上改变了人类的生活状态。最开始驯化山羊和绵羊时，规模不大，人们对于动物仍然敬重有加。牧民珍惜每一只牲畜，也能将它们作为独立个体识别出来。山羊和绵羊被赶到牧场，羊毛被人修剪，多余的公羊被宰杀，以便人们获取肉食并控制羊群的规模。现在还不清楚家养的与野生的山羊和绵羊的明确分化是从什么时候开始的，但这一定是循序渐进的过程，很可能是在公元前9000年前后，随着羊群规模的扩大而终成定局。

在农业社会，山羊、绵羊、猪为人类提供了稳定的肉食来源，这样的社会比狩猎社会更加安全、更加可预期，这三种不同的动物，也成为人类的财富源泉。

在汉字中，屋里养猪为"家"，由此可见，猪对农业定居者的重要性。而山羊和绵羊则支撑了游牧社会的生存，牧民在大多数时候依靠羊奶和羊毛生存，并不轻易地宰杀羊。随着财产权和继承权的出现，拥有动物的多寡成为衡量财富和社会地位的标志。

牛的驯化非常早，这种大型动物对人类来说具有重要的革命意义。牛是农业经济的引擎，没有它，农耕文明将无法发展。牛还是权力的象征和重要的祭品，在政治生活中发挥着特殊作用。牛不仅用来拉车，也用来耕地，奶牛则提供了高营养的牛奶，牛肉也是一种完美的肉食。对牛的驯化体现了人类伟大的创新能力。用该书中的话来讲："驯化是一个共生的过程，是动物和人类共同努力的结果。"牛被人类驯化之后，很快就成为人们可以积累的财富，以及对外炫耀的家产。在世界很多地方，牛等同于"行走的财富"。

牛也是精神寄托的象征。如在非洲古老的努尔人部落，人们把牛奉为神灵，牛群在这里悠闲自在地生活。努尔人对牛关怀备至，为牛生火驱蚊，为牛不停地迁徙，为牛制作饰品，以保护它们免遭攻击。他们甚至用牛的形态和颜色，为自己取名。有人感叹："努尔人是牛身上的寄生虫。"尽管努尔人很喜欢吃肉，但绝对不会为了吃肉宰牛。

如果说牛是农业发展的引擎，那么驴和骆驼堪称"皮卡车"。驴奔走在丝绸之路和欧亚非三洲的其他商路上，运输商品，传播文化，默默地开启了早期全球化。在传统农业社会，陆路运输极其困难，每头驴大约可以载重75公斤，每天行进大约25公里。由数十头毛驴组成的商队，相当于陆地上的"海洋船队"。在古代，在马和骆驼成为人们旅行的交通工具之前，东地中海地区的每一个人都骑驴出行。大马士革之所以在古代就繁荣，是因为城市处在毛驴商队战略路线的十字路口。驴这种动物特别能吃苦，饲养成本低，易于训练，跟随人们劳作的历史长达 5000 年，也许还更长。它们是社会进步的催化剂，有能力穿越全球干旱的区域。它们通过多次远征，开启世界上最早的国际贸易。

善待人类的动物朋友

在被人类驯化的动物中，如果说毛驴是吃苦耐劳的模范，那么马从出场的那一天起，就一直处于"高光时刻"。世界各地，从古至今，马一直和人类文明同框。古罗马时代，良马稀有昂贵，其价值相当于 7 头公牛、10 头驴或者 30 名奴隶。对于游牧民族来说，马的作用甚至比人更大，因为游牧民族善于骑马，具有无可匹敌的军事优势。从最早使用马拉战车的赫梯人与埃及人，到后来的匈奴人与蒙古人，都将战马视为征服世界的决定性力量。

在古代中国，马在军事和贸易中发挥着特别的作用。中国历代王朝，都有以丝绸和茶叶换马的传统。北方游牧民族的骑兵横扫中原，中原王朝经常被动挨打。按理说，中原的军事技术和经济实力，都在北方游牧民族之上，为什么会出现这种情况？并不是中原地区没有马，而是中原地区的士兵没有真正和马培养出感情，对马的生活习性了解得不够彻底。而北方游牧民族的士兵就不一样了：他们在马背上长大，连马的呼吸都熟悉。可以这么说，只有和战马建立真正的亲密关系，做到"人马合一"，才能驰骋疆场。

马不但在古代社会极为重要，在工业革命中也具有不可替代的作用。在相当长的一段时期里,机器由蒸汽机驱动,而驱动蒸汽机的煤则靠马驮运。在英国幽暗的煤矿中,有多达 7 万匹矿井马没日没夜地工作。因为矿井狭小,人们一般用马驹。这些马驹从出生就待在幽暗的矿井中,它们性情温驯、身体强壮、吃苦耐劳,可连续服役 20 年。这些马长期在矿井中工作,甚至从未见过阳光,近乎全盲,即使退役后也无法适应牧群和露天生活。和矿井马相比,那些战马的命运更加悲惨,在钢铁和枪炮面前,它们常常没有来得及昂首扬蹄,就命丧炮火。

公元前 3000 年左右,身躯高大的野骆驼逐渐被人类驯化。从此之后,骆驼成为干旱地区运输的主要力量,被誉为"沙漠之舟"。骆驼能够驮载重量是牛的两倍的货物,并能以两倍于牛的速度行走远得多的路程。骆驼的速度比驴快,哪怕不喝水,也能在酷热的环境下行走很远的距离。骆驼的一系列生理适应能力,使它们不喝水也能长时间生存。大量的脂肪积聚在驼峰,最大限度地降低了隔热效应。骆驼的血红细胞呈椭圆形,在脱水的状态下,仍可以顺畅地流动。这样的形状使细胞更加稳定,即使骆驼在极短的时间内摄取大量的水,细胞也不至于因渗透压的改变而胀破。脱水状态下,骆驼可以减少 25% 的体重,而其他哺乳动物只能减少 12% ~ 14% 的体重。厚实的皮毛和修长的腿,能保护它们免受地面高温的烘烤。

没有任何一种动物,能像骆驼一样更好地适应干旱地区的生活,也没有哪一种动物比骆驼更适合驮运货物。骆驼穿越沙漠地区时,即便面对强大的风沙也无所畏惧,稳步前行,从不东张西望。在非洲的撒哈拉沙漠中,由骆驼组成的商队穿行了几个世纪,大型商队由几千头骆驼组成,浩浩荡荡延绵几公里。如今,尽管火车、汽车等交通工具主导了长途运输,但是在沙漠深处,骆驼依旧不可或缺。

被人类驯化的狗、马、牛、驴、猪、骆驼、山羊、绵羊这8种动物,无声地影响着文明发展的进程,但是在历史书写中,对于动物鲜有提及。《伟大的共存:改变人类历史的8个动物伙伴》一书,对动物之于历史文明的作用和贡献进行探索性书写,令人耳目一新,增加了历史研究的宽度与厚度。

生态文化观察

对待土地的方式
影响我们自身

"土地是我的母亲,我的每一寸皮肤,都有着土粒;我的手掌一接近土地,心就变得平静。我是土地的族系,我不能离开她。"端木蕻良在他的名篇《土地的誓言》中,用文学语言如此深情地倾诉他对土地的感情。土地,俗称泥土,其学名是土壤。我们都清楚:大地养育了自然万物,万物最后也回归泥土。土地对人类的重要性不言而喻,然而在如今关注智能制造、互联网经济、金融资本的年代,有多少人会认真瞅瞅脚下的泥土,又有多少人知道,人类某些看似合情合理的行为,其实是在伤害泥土。美国华盛顿大学地球与空间科学系的教授蒙哥马利在《泥土:文明的侵蚀》(译林出版社 2017 年版)中为大地立言,从科学与人文双重维度反思人类与自然互动中的功过是非,为构建人类与自然的生命共同体提供了思想启示。

蒙哥马利的主业是地质学研究,而地质学对地球的关注,无论从时间还是空间层面,从来都是大尺度的,尤其是地质学家族中的岩石学、地层学、地貌学,其研究的时间比例尺跨度短则百万年,长则上亿年。只是,地球岩石圈浅浅一层的泥土,似乎从来都没有被地质学家正儿八经关注过。蒙哥马利年轻时就敏锐地意识到,从事地质学研究，如忽略了泥土，显然是很不全面的。20世纪80年代以来，伴随着全球土壤生态矛盾越来越尖锐，他也"顺带"开始探究土壤的世界。

对泥土，世人似乎最为熟悉，然而深究起来，却又异常陌生。从科学的视角看，泥土是指地球表面的一层疏松的物质，由岩石风化而成的各种颗粒状矿物质、有机物质、水分、空气、微生物等组成，可供植物生长。概而言之，由于成分不同，泥土又分为若干种类。泥土的肥力程度，决定了土地富饶或贫瘠。但是土地是否富饶，在自然力量和人为因素的作用下，时常能相互转化。但凡土地富饶之地，也是农业种植活跃的区域，同时也孕育人类的文明。

《泥土：文明的侵蚀》由"古老的优质泥土""地球的表皮""生命之河""帝国的坟墓"四个篇章组成，全书将地球表层的土壤作为考察对象，借助丰富的考古与历史资料，叙述了土壤与人类社会之间上万年的关系变迁。蒙哥马利忧虑地指出：看似不起眼的土壤，可能成为决定文明盛衰的关键。从作为文明源头的古希腊和古罗马，到工业时代的美国西部；从欧亚大陆腹地的俄罗斯草原，到南太平洋与世隔绝的狭小海岛，过往的众多文明，因为土壤侵蚀而衰落的真实案例，连接起了过去与当下。在古埃及的尼罗河流域，由于洪水不断将新鲜淤泥冲击到下游的两岸，所以土地的粮食产量很高且土地肥力不减。但其他更多地区，由于缺乏上述条件，过度开垦带来的后果十分严重，古希腊的执政者梭伦就曾颁布禁令，要求不得在陡坡上耕作。古罗马的农学家关注耕犁效果，由此来提高粮食产量，却导致土壤被不断推下坡面，使得沃土被侵蚀的情况加剧。古罗马文明的衰落显然与此有关，由于骄傲的罗马人不得不仰赖边疆地区的粮食供给，古罗马文明最终凋零。

16世纪以后，受益于大航海时代及之后的殖民扩张所带来的惊人财富，欧洲农业开发提速，科学家对于发展农业与保护土壤之间的关系有了更为深刻的认识。尽管如此，美洲"新大陆"的开发，仍然没能避免若干古代文明曾上演过的悲剧，快速推开的大面积深度垦殖，加速了土壤侵蚀，以至于美洲殖民地开发仅200年左右，就出现了大面积的土壤退化。到了19世纪后期，因为美国政府彻底废除了南方奴隶制，西部新建各州由此摆脱了奴隶制种植园的阴影，随之开始上演西部冒险故事，在很短的时间内就造成了以往很多年才能形成的土壤流失的严重后果。

我们对待土地的态度，决定了土地对待我们的方式及其时间维度。蒙哥马利在该书前言中指出："那些滥用土地资源的古代文明，最终为其行为付出高昂的代价，贫瘠风化的土地能摧毁文明，留下一片衰败的遗迹和穷苦的后代。"他提出的一个疑问令笔者惊心：是否农业活动在造就了文明的兴起、发展和蔓延的同时，也通过更长期的土壤退化及流失过程，播下了引发社会衰落的种子？他进而言之：历史之兴废，或许与战争、经济、环境、气候等因素紧密相关，可是最终导致社会崩溃的，却是土地的健康状况。这样的说法或许过于武断，然而我们也不妨试想，当赖以生存的土地，出现不可逆转的生态危机，无法养活众多的人口时，家园必将荒芜，文明又从何谈起？

"当今的人类行为，正在全球范围内毫无节制地消耗土壤。"这是《泥土：文明的侵蚀》的一个重要立论。蒙哥马利的疾呼绝非杞人忧天。在过去五亿年里，植物的进化和生命的兴盛，促使土壤形成；反之，土壤也孕育了更多的、更大的植物，这些植物作为食物，又进一步地促成更为复杂的动物群落的出现。生物与土壤，一直处于动态平衡之中。土壤受到侵蚀，与两方面因素有关。一是自然因素。例如，山地斜坡上疏松的土壤，经过雨水的冲刷，会从山体上自然脱落。我国黄土高原上的大片黄土，在雨水作用下，大面积地涌入河流，河水为之污浊泛黄，"黄河"之名也由此而来。二是人为因素。在现代化的生产中，大量化学药品、工业废水和固体废物与土壤"亲密接触"，必然会伤害土地原本的"免疫系统"。尤其现代农业生产，在植入科技外力方式之后，氮肥、磷肥、钾肥和杀虫剂在农业种植中广泛使用，其目的是提升产量，养活更多的人口，满足人类更多的物质需求。但与此同时，这些化学肥料和药剂也破坏了土壤的营养系统。久而久之，土壤就会出现各种"慢性病"。

在这种情况下，各国在农业生产中不得不升级化学肥料和药剂替代品，以"做外科手术"的方式增补土壤肥力，以继续提高产量。在往复的循环中，土壤的天然养分丧失殆尽，只能依靠化学肥料。可怕的是，化学肥料渗透到土壤中，给土壤健康造成了负担，若几十年、上百年地持续使用化学肥料，农作物也会随之"生病"，人类的健康问题则会顺次爆发。还有一个更长久的危害，那就是自身没有"造血"能力的土壤，久而久之就会板结、退化，直至成为不毛之地。在农业生产中，人类如果不能有效地处理好种植、肥料、土壤三者之间的关系，人类、文明和土地可能是三败俱伤。无论是中国、印度等有着悠久古代文明历史的国家,还是美国等"新大陆"国家,土壤在农业发展过程中都深深地受到侵蚀,侵蚀水平远超自然侵蚀。尤其美国19世纪后期到20世纪前期,苏联20世纪30年代至60年代期间的大规模机械化农业开发,对这两国的优质农地造成了极大的破坏。

在蒙哥马利看来,目前是时候该重新思考传统农业中的智慧,进而寻找人与土地和谐相处的方法了。他认为,人类首先要充分意识到,土壤不只是用来种植植物的培养基质,也是包括人类自身在内的动植物得以生存和繁荣的生态系统。一方面,在农业生产中应将土壤视为最根本的生态修复基础,而非迫使土壤适应人类的技术;另一方面,必须正视"化肥和杀虫剂的应用使肥沃的土壤变得贫瘠"的事实。过度依赖杀虫剂、除草剂和化肥,毒化了我们的食物链,这并非使文明存续的长久之计。在一些发展中国家,重建和修复农业土壤,已是生态治理的当务之急。公众投资,应当支持那些努力配合而非对抗土壤生态系统的行动。在新的农业实践中,蒙哥马利以"粗线条"的方式,尝试提供某些答案。他建议加快推广可以兼顾实现土地保护与粮食生产的农业模式,比如免耕农业;充分利用城市空地发展都市农业,缩短蔬菜、水果等食物的运输链条。更重要的原则是加强耕地保护,减少那些造成对抗土壤侵蚀的常规农业补贴,利用更为先进的监测分析设备清楚地掌握全球各区域的土地土壤状况,让耕地获得更加充分的保护和更加有效的利用。

土壤的生态安全,不仅关系到文明的延续,同样关乎国家的长治久安。土壤生态保护和水环境治理、矿产资源和森林草地保护等一样，考验着一个国家和地区的治理智慧和能力。如果我们对待泥土的态度是友善的，人类创造的文明才能延绵。

在树木面前
我们应该谦卑

人类赖以生存的自然，因为有了形形色色的树木，才富有生机和活力。无论是从地理意义上讲，还是从审美维度看，树木确实是人类最值得尊敬和信赖的朋友之一。假如我们生活的周边，看不到一棵树，看不到一抹绿色，无论对保持身心健康还是可持续发展，都是一种灾难。如何去认识一棵树，怎样发现树的秘密生活，这其中大有奥妙。《树木之歌》（商务印书馆 2020 年版）为我们从科学和人文的层面全方位认识这位老朋友，提供了新视角。

《树木之歌》的作者哈斯凯尔现为美国南部大学联盟环保研究员，博物学家、生物学教授，致力于生物演化研究和动物保护，除了发表许多科研论文外，他还发表了数篇关于科学与自然的随笔和诗歌。他的另一部著作《看不见的森林》出版多年来，一直备受欢迎。

《树木之歌》根据音乐的节奏安排行文布局，共分为三大乐章。书中，作者对于他接触过的树木，诸如吉贝、香脂冷杉、菜棕、豆梨、橄榄树、五针松等，进行科学和诗意的叙述。通过记录树木以及回荡在树木间的声音，讲述树木与人类居住社区的美妙故事。作者把他那敏锐的观察力，运用到环绕世界各地十几种不同树木的错综复杂的生物网络中，探索树木连接的植物、真菌、细菌群落，以及动物和鸟类，着力审视人类在这些网络中所处的位置。在作者看来，树木所诉说的生命记忆，展现了生命是一张巨大的关系网，人类也归属其中。每一个生命体不仅由生物连接维持，而且是由这些关系构成的。这种网络化的人生观，丰富了我们对生态学的理解，促进了我们对人性与伦理的思考。

在作者的笔下，从曼哈顿到耶路撒冷，从南美洲的亚马孙河到亚洲的森林，从侵蚀的漫长海岸线到烧毁的山坡，每个地方都展示了人类的历史、生态和福祉，是如何与树木的生命紧密联系在一起的。书中的每一个章节，都会谈及一种树木的歌声，描述这些声音的特性，形成声音的故事，以及我们生理、情感以及智力对此的感应。歌声的大部分旋律，驻留在声音表象之下。因此，倾听，就是用听诊器触摸大地的皮肤，聆听地底的脉动。

众所周知，树木是有生命的，有的树木甚至可以与人"对话"。在该书作者看来，树木有呼吸、还会歌唱，有自己的声音系统，这当然是作者的一家之言，可也昭示着树木作为大地生命，和人类同等重要，这彰显出作者对树木的敬重和热爱。我们对于树木极为熟悉，以至于千年来很多成语都和树木发生联系：树大根深、火树银花、蚍蜉撼树、独树一帜、玉树临风、百年树人、琼林玉树、江云渭树、树德务滋、一树百获、耕耘树艺、树欲静而风不止……这样罗列下来，还会有很多很多。由此可见，仅仅在中国漫长的历史文化中，人们和树木走得多么近、感情多么深。

阅读《树木之歌》，了解树木的科学常识是前提。从植物学的角度看，树木是木本植物的总称，包含乔木、灌木和木质藤本之分，树木主要是种子植物，树的主要四个部分是根、干、枝、叶。树根一般在地下，在一棵树的底部有很多根。而在树干的部分分为五层，第一层是树皮。树皮是树干的表层，可以保护树身，并防止病害入侵。在树皮的下面是韧皮部。这是一层纤维质组织，把糖分从树叶运送下来。第三层是形成层。这一层十分薄，是树干的生长部分，所有其他细胞都是自此层而来。第四层是边材。这一层把水分从根部输送到树身各处，此层通常较芯材色浅。第五层就是芯材。芯材是老了的边材，两者合称为木质部。树干绝大部分都是芯材。

据统计，地球上共有约3万亿棵大树，其中约1.39万亿棵在热带和亚热带，约6100亿棵在温带，约7400亿棵生长在围绕北极的北方森林中。与一万年前比较，人类活动已导致树的数量减少一半。树木在地球生态系统、人类生产生活中发挥着极为重要的作用。在减少土地侵蚀及调整气候上尤其关键，树可以从空气中吸收二氧化碳，将大量的碳储存在组织内，被誉为"氧气的制造厂""新鲜空气的加工厂"。此外，树木和森林是许多物种的栖息地。地球上，热带雨林是世界上生物多样性最丰富的地区之一。树可以提供遮阴及保护，木材可供建筑和家具之用，木炭可以用来加热及烹煮，果子可以用来食用。不同的树木，有不同的药效，有的可以救命。

《树木之歌》一书中，作者用科普和审美两种方式，将体验、抒情、想象互为结合，感受树木"歌唱"的玄妙。作者的这种感受，是独特的，也是不可复制的，在一定程度上具有主观要素。树木是会说话的，能发出声音，我们在玄幻的影视作品中已经领略过，如电影《指环王之双塔奇兵》中，有一个情节就是大片森林遭到魔兽的毁坏，这激怒了一棵棵大树，大树最后群起反击，将魔兽们击溃。在我国古代典籍《山海经》中，多次提及各种"神树"，诸如沙棠树、琅玕树、建木树、不死树、扶桑树、帝休树、帝屋树等。这些树各有其功能，如帝休树亦称"不愁木"，食之可以平复情绪，不易发怒。

阅读该书，笔者时刻都会想到树木和中国文化的紧密联系。中国建筑，其主要材料就是树木，木质结构的房屋，构建成中国建筑艺术的大厦；中国山水画中，描绘的重点就是各种树木；在《诗经》《离骚》等伟大的文学和诗词作品中，有关树的诗篇不在少数。其中尤为重要的是，人、山川、江河、树木直接催生出"天人合一""道法自然"的生态价值和生态智慧。历史上我们的先祖爱树，时常把树化身为情感的寄托，有时干脆把树比喻成特定的精神，比如青松，则象征正直与高洁。

其实不仅是中国，世界上其他地方对于树木的赞美也不绝于耳。自工业革命之后，人类学会大规模开采煤炭和石油，而这正是亿万年前树木演化出的"结晶"。在生产生活中，大片的树林被毁坏，导致生态环境恶化。工业和经济社会虽然大踏步前进，可是自然环境和人类健康系统出现了问题，人们认识到保护树林、保护绿色的现实意义。在我国，每年三月的植树节，是对树木的一种致敬。反过来讲，破坏树木生态系统，我们就没有宜居的环境，毫无幸福可言。爱树木，客观上讲也是爱人类自身。

在《树木之歌》这本书中，作者从自身的独特角度，讲述人、树木和声音的温情故事，无形中唱响"树木之歌"。树木世界的瑰丽，其实远远超乎我们的想象,还有很多谜题有待破解。不管从哪个层面看,在树木面前,我们都应该卑谦一些,从树木的生命长度、外形高度以及生存能力方面讲,人类实在没有什么优势,最关键的是,树木给予我们生存的氧气,仅这一点,就足以让人类反思生命存在的价值了。

生态文化观察

"沙漠之国"
是如何盘活水资源的

以色列的国土面积为 2.5 万多平方公里，人口 850 多万，是名副其实的小国。但是该国经济、军事、科技、农业发达，在国际舞台上拥有举足轻重的地位。以色列国土的 60% 为沙漠、旱地，在 1948 年建国之初水资源极为匮乏，是真正意义上的"不毛之地"。水是生命之源，也牵系国运，然而就是在恶劣的自然环境中，以色列在短短 60 年时间里，在生态环境治理领域，尤其在水环境治理领域，成就斐然。如今的以色列不仅水资源丰富、充足、优质，而且还和周边国家做起了水资源的大买卖。《创水记：以色列的治水之道》（以下简称《创水记》）（上海译文出版社 2018 年版）一书，充分地展示了这个曾经的沙漠之国如何保护并盘活水资源，给其他国家和地区带来了启示。

水资源属于整个国家

该书作者赛斯·西格尔是美国作家和商人，对于水资源的保护和治理，有着深入的思考和见解，相关文章经常亮相《纽约时报》等报刊。为了厘清以色列的治水之道，他曾经来到以色列，查阅了大量历史文献和数据,采访了相关领域的政府官员、专家及公司管理者等上百人。《创水记》共12章,分为"创建一个以水务工作为中心的国家""变革""以色列国界之外的世界""以色列的治水之道"四个部分。

《创水记》的第一章"以色列的敬水文化",用以色列的一首儿歌开篇:"雨,雨,天空来。小雨点,整天下,滴答滴答,小手拍拍!"连孩子唱的儿歌都饱含着对水的渴望,足见该国缺水的严重程度。一个民族和国家热爱水、敬重水,必然有其特定的文化背景。在犹太人的历史故事、宗教观念和风俗传统中,敬水是重要内容。而以色列各级各类学校里,向学生灌输"节约用水,人人有责"的理念,是学校教育的重要环节。在这个国家,四处可见节约用水的招贴画和广告语,以此提醒人们树立节水意识。

以色列人对水的敬重,除了在文化与教育中体现外,在国家法治建设中也得到强化。以色列在建国之初,就把一切的水资源,归结为公共财产。20世纪50年代末期,以色列建国不久,就制定了具有前瞻性的《水法》,凡是在以色列发现的一切水资源,都是国家公共财产,即便是从天而降的雨水,也归国有。若一个人未经许可擅自使用水资源,将受到法律的裁决。对于水资源的使用,全国"一盘棋",制定了周密的用水规划。以色列的国民心甘情愿地将水资源控制权交给政府,与此相一致的是,整个经济界和政治界的以色列人,对于要采用(无秩序的)自由市场方法来处理水资源却感到惶恐不安。

对于水资源的管理,以色列同样高度集中化,严格到每个水泵和钻孔取水行为，都需要得到法律的许可。也就是说，以色列对每一滴水都进行了规划和管理，这是在其他国家和地区都无法想象的。从法治和道德双重维度讲，对于水资源的利用，以色列是最为"苛刻"的国家，而以色列人不仅接受这种"苛刻"，还自觉遵循并维护这种"苛刻"。

技术创新是水资源治理的关键

以色列除了在义化、法治层面强化治水之道外，还在技术创新方面勇于开拓。南部的内盖夫沙漠地区常年干旱缺水，北部的加利利湖是以色列境内唯一的淡水湖泊，也是其最大、最重要的饮用水源与蓄水库。为解决南部地区用水问题，以色列于1964年投入运营了"北水南调"的国家输水工程，用一条长达300公里的输水管线，将北方较为丰富的水资源输送到干旱缺水的南方。这对于以色列人来讲，绝对算是大型水利工程。

水资源使用方面，农业生产用水往往是"大宗客户"。传统的农业种植中，大水漫灌是长期以来延续下来的传统。漫灌实则是昂贵的灌溉方式：将水运送到田地里耗力、耗资巨大，大部分漫灌水源在被植物根部吸收之前，其实就蒸发了，通常超过50%的漫灌水源都被浪费掉了。在水资源匮乏的以色列，这种灌溉方式显然是奢侈的。近年来，以色列大力改进农业技术，采用精准滴灌的方式，这除了能节约水资源，还有助于农作物产量的提高。不可思议的是，以色列在旱区农作物种植技术方面，处于全球领跑地位，种植的蔬菜水果受到世界的青睐。

精准滴灌的农业生产方式，其技术难度和复杂系数，超乎人们的想象，这是一个大手笔的基础性工程。可以试想，在沙漠中被改造过的一望无垠的农田里，铺设着纵横交错的水管，通过电力和智能设备控制，启动按钮后，水源就输送到植物的根部。这对于农业精细化管理和机械设计与施工，都是高标准的检验，任何一个环节出现故障，农业生产都可能毁于一旦。农业生产中，以色列把农作物的种植精细到类似养花的程度，这较之于漫灌的方式，最高峰值时可以节约高达70%的用水量。当前，世界上很多旱区农作物的生产种植，都纷纷效仿以色列的精准滴灌技术，从而减轻水资源的负担。

再高的水资源利用效率，也改变不了以色列天然淡水供应量不足的事实。尤其是随着以色列的经济发展和人口增加，淡水供需缺口越来越大。20世纪90年代末，以色列政府就对未来20年的海水淡化做出了全面评估和规划：其一是充分估算对海水淡化水的需求量，即生活用水、工业用水、农业用水和其他用水的需求量与天然淡水、咸水和循环水的供应量之间的差额，根据差额确定海水淡化工厂的产能目标；其二是科学确定海水淡化工厂的地址，如要邻近地中海、邻近人口聚集的大城市和工业中心，方便接入国家输水工程的节点等。目前，以色列在阿什多德、阿什克隆、海德拉三地，建立了海水淡化工厂，形成了目前世界上最大、最先进的海水淡化基地。

在海水淡化的处理中，以色列不断地改进技术，由最初的多级闪蒸，逐步发展到世界领先的低温多效和反渗透膜技术，其设备简单便于操作,有利于后期的维护。当前,以色列正在大力推行"大规模海水淡化计划",以期缓解淡水的供需矛盾。该计划预计到 2025 年,海水淡化水量将占淡水需求量的 28.5%,生活用水的 70%;至 2050 年,海水淡化水量将占全国淡水需求量的 41%,占生活用水的 100%。

以色列治水之道的思想启迪

以色列的治水之道,体现在社会生活的各个方面,这对于我国保护和利用水资源,具有现实的思想启迪意义。首先是要加大对水资源的统筹治理。我国南北水资源分布极不平衡,尤其是华北、西北地区水资源短缺,地表水资源逐渐减少后,为满足工农业生产不得不在地下"找水"。地下水的开采,可能由于没有科学地规划抽取,从而破坏了地下水资源生态系统。目前在加强地表水的社会治理时,同样要制订科学合理的方案,有效进行地下水的开采使用。地下水资源并非取之不尽用之不竭的自然资源,常年无序开采,必然会引发水资源的枯竭。

其次是要加大资源的保护力度。清洁的淡水资源,关乎人们的身体健康,也关乎大自然生态链的安全。如果淡水资源出现不同程度的污染,遭殃的最终还是我们人类。我国南方水系发达,水资源较为丰富,尤其是在长江、汉江等流域,尽管出台严格的环保法律法规,加大了环保监测检查力度,但依然有少数无良的工厂企业铤而走险,以遮人耳目的伎俩将工业废水、污水排入大江大河,造成了淡水资源的污染。笔者认为,对于长期破坏淡水资源的企业,要加强惩戒力度，水资源受到"蹂躏"带来的后果，必然是灾难性的。

最后是要提升大众节水爱水意识。相较于以色列，我国日常生活用水价位显然不算高，这使得有些人在生活中养成了大手大脚用水的陋习。对浪费水的行为，严重缺乏节约用水观念。殊不知，生活中享用的清洁淡水，其背后经过了诸多技术处理，凝聚着大批科技工作者的智慧和辛勤付出。在中国传统社会里，先祖对水充满敬畏和感恩，很多诗句和成语中都有呈现。在现代社会里，我们不仅要发扬爱水的美德，还要在全社会形成敬水爱水的价值取向。水资源不仅改写过我们的文明和历史，也深刻地影响我们的现在与未来。

大城市
日常运转之秘

当前,全球数亿人居住在纽约、伦敦、巴黎、圣保罗、上海、孟买等超级城市中。然而,很少人会关注自己居住的城市,以为城市就是马路、地铁、高楼、商场的代名词。城市虽然不会说话,但却是有个性和体温的生命体。在城市大系统中,任何一个环节出现故障,就如同人的器官出现病症,会带来无穷的麻烦。通过阅读《纽约:一座超级城市是如何运转的》(南海出版公司2018年版),不仅能了解这座都市的日常运行之道,还能知晓城市在现代社会扮演的角色,对人类现在、未来的深刻影响。

大城市的规划与设计要以人为本

该书作者凯特·阿歇尔现为美国作家,毕业于布朗大学和伦敦政治经济学院,曾在纽约的企业任职,目前在哥伦比亚大学担任教授,专门从事建筑与城市规划的相关研究。在该书中,作者以图文并茂的形式,把纽约的各个角落几乎是讲了个底朝天。全书分为"客运""货运""能源""通信""清洁""未来"六个章节,深入浅出地叙述纽约的街道、地铁、桥梁、隧道、铁路、海运、空运、市场、电力、天然气、电话、邮政、供水、环境等方方面面的运转之秘。当然,该书并未泛泛介绍,而是带着强烈的问题意识和反思意识。

纽约作为世界上最繁华的城市之一,拥有极为密集的基础设施群。在这里,28条地铁日均运客450万人次,29条桥梁和隧道日均输送数百万车辆;12.8万英里的地下电缆足以绕地球3圈,为城区提供堪比欧洲小国的用电量;每天供水网络输送400万吨净水,有2.5万吨垃圾运出城外……这巨大的工程量之所以能高效地完成,都仰仗于强大、合理设置的基础设施。纽约是地球上的不夜城,某种程度上代表了当代城市文明发展的现状和走向。

街道如同人的血管,将整个城市紧密地联系起来。我们可以判定:但凡设计合理规范、市民文明素养较高的超级城市,街道较为畅通。反之则时常出现街道"肠梗阻"和乱哄哄的现象。街道作为城市的单元组成,伴随着城市的发展而发展。如书中讲到的纽约,为了街道更加畅通,100多年来,逐渐形成了密集的街道网络。如城市高速公路、城市主干道、城市次干道,不同的街道在交通运行中发挥着不同的作用。纽约城市高速公路,类似我国大城市的环线快速公路,这些公路提升了城市的运行效率。

大城市的街道系统中,纽约的次干道,对于保障城市交通畅通发挥着不可替代的作用。城市次干道一般而言窄而短,有时弯弯曲曲,但与城市主干道相比,其重要性毫不逊色。当前我国很多大城市,已经开始重视次干道的建设,尝试将很多大单位中的通道,与城市次干道进行连通,让城市道路更加畅通。另外一点,纽约还注重人行道、自行车道的建设。

对于纽约这样的超级城市,公园绿地是必不可少的组成要素,这对于美化城市环境、改善城市生态、助力市民放松休闲等具有无法替代的价值。而纽约最有名的城市公园绿地,就是占地5000多亩的中央公园,从城市上空看,这座公园如梦如幻,俨然是城市之肺。中央公园由水、植物、动物、建筑构成,是城市生态设计的典范之作。进入现代社会以来,世界上各大城市都重视城市生态景观的设计和营造。究其原因,这和城市工业化、商业化的大发展有紧密关系。无论时代怎么发展,热爱绿色是人类不变的心理诉求。

在农耕文明时代,人们居住在广阔的乡村,绿色是生活中不可分割的部分。然而人们迁移到大城市定居、工作之后,却发现和绿色渐行渐远,这显然不符合人的生活需求。正是基于这种原因,以公园绿地为代表的城市生态设计,受到了广泛重视。也许有人会说,我国古代的北方皇家园林和南方私家园林,也是城市生态设计的典范。笔者认为,中国古代园林不具备公共性和开放性,要么是供皇亲贵族享用,要么是供文人雅士赏玩,和广大百姓没有太大的关系。而现代城市的公园绿地,面向全民开放,人人都能免费享用。

华尔街在纽约的地位和影响力

谈起纽约,不得不提及华尔街。华尔街在某种意义上,就是纽约的另一个代名词。该街是纽约曼哈顿区南部从百老汇路延伸到东河的一条大街道,全长仅500米,宽仅11米。而就是这条街道,却以"美国的金融中心"闻名于世。美国摩根财阀、洛克菲勒石油大王和杜邦财团等开设的银行、保险、航运、铁路等公司的经理处集中于此。著名的纽约证券交易所就在这里，此外纳斯达克、美国证券交易所、纽约期货交易所总部也坐落于此。而华尔街的铜牛雕像，一直是美国资本主义最为重要的象征之一，也是外来游客必到的景点之一。这座铜牛雕像是由意大利艺术家狄摩迪卡设计的，铜牛身长近5米，重达6300公斤，无数游客都愿与铜牛合影，并以抚摸铜牛的牛角来祈求好运。

华尔街的金融地位，对于整个美国都有重要影响。位于华尔街的纽约联邦储备银行，一直是美国货币政策执行者。金融政策哪怕有一点风吹草动，都会牵动全美企业家、投资家敏感的经济神经。而纽约是美国唯一拥有自己联邦储备银行的行政区，原因是纽约庞大的人口规模。纽约联邦储备银行地下25米处，有一个用于储藏黄金的地窖，规模世界第一。围绕这个神秘的世界级"黄金地窖"，各种影视片和小说中都有精彩的演绎。

华尔街是金融冒险家、投机商的天堂。100多年来，华尔街见证了美国历次经济危机。而10年前华尔街金融危机，现在谈起来都让人心有余悸。2008年9月15日，美国第四大投资银行雷曼兄弟公司申请破产保护，第三大投资银行美林集团被美国银行收购。受此影响，纽约股市三大股指15日巨幅下挫，创下"9·11"事件以来的最大单日跌幅。有人说这是"百年一遇的大地震"。

华尔街金融风暴的形成，有很多阐释和分析。笔者认为，这主要是由美国过分的市场自由投机造成的，垄断利益集团向民众推销"透支式消费模式"和市场价格自由的客观必然性，金融资本集团操控房地产商，把民众都变成"银行的房奴"。"透支式消费模式"导致房地产和汽车等消费品价格不断上涨。而劳动者都提前透支了未来 20～30 年的劳动报酬。经济发展的 GDP 被房地产、汽车等消费泡沫拉高，居民收入被泡沫经济虚构。当劳动者的收入不足以支付日益上涨的物价和归还房贷时，整个房地产、汽车、金融等产业链崩溃，引发金融与经济危机。

如今，"华尔街"一词现已超越这条街道本身，成为附近很多区域的代称，亦可指对整个美国经济具有影响力的金融市场和金融机构。若说起一家公司来自华尔街，并不是指该公司的办公地点在华尔街上，更有可能是指他们主要从事金融服务业，其公司总部可能在全球的任何一座城市。

大城市污水处理考验智慧

任何一座大城市，每天会产生大量污水。污水若不经有效处理就排放，将会威胁市民的健康，带来不可预估的生态灾害。如何治理污水，是每一个大城市都面临的难题。作者在该书中，对于纽约处理污水的全过程，进行了清晰、系统的分析。纽约拥有全美最长的下水道系统，长达 1.5 万公里的下水道干线和管道尽管年代久远，但运转颇为良好。下水道系统和 14 个污水处理厂一起，每天处理 46 亿升的污水。这些庞大的数字无疑是惊人的。

纽约为了每天处理大量污水，构建起密集而庞大的污水收集网络，其污水处理技术在全球城市中也遥遥领先。综合起来看，纽约的污水处理规范科学，污水处理技术高、污水处理资金充足。当前，中国处于城市化进程中，污水处理过程中需要改进的地方很多，如对污水处理的意识不够强、地下水管铺设无长远规划、污水处理中漏水渗水的现象普遍存在。这些问题若不及时改善，势必拖城市发展的后腿。

那么，当前大城市如何提升城市污水处理的能力？笔者认为，第一是加强对污水处理过程的监督与管理，确保污水处理工作有效开展；第二是不断改进污水处理的技术和工艺，提高污水处理的技术水平；第三是制定出台污水处理的经济政策，尝试利用价格杠杆，使污水排放的价格略高于处理的价格，这样可以使污水处理有发展潜力，在市场经济发展规律中具有竞争力。当然，做好污水处理最重要的是要有创新意识，就是将污水变成可以利用的再生资源，这也是污水处理的科学焦点。

读《纽约：一座超级城市是如何运转的》，带来很多思想启示。纽约作为世界上老牌的超级城市，无论是在规划与运转方面，还是在金融经济建设和城市转型发展方面，都影响着世界各大城市。受到美国实体经济下滑的影响，纽约面临市政工程老化、经济下滑、人口日益增加、社会治安严峻的影响。当前，整个中国处于城市化的关键时期，学习世界上发达国家大城市的运行经验，才能遏制各种"城市病"的发生。

美食背后的
自然之道

我们走进大大小小的餐厅和饭馆，可以看到各种各样的菜谱，真是令人眼花缭乱。享受美食是人类的本性，这是无可非议的。而美食本身，不仅凝聚着人类的智慧，也可以反映一个国家、一个地区某类人群的风俗和生活习惯。前几年热播的纪录片《舌尖上的中国》，让我们领略了中国各地美食背后的人文与生态，而《杂食者的两难》（中信出版集团2017年版）一书，绝非一本简单的美食制作指南，而是从历史、文化与生态的更高层面，反思热爱美食的人类，该如何理性看待一日三餐，又该如何正确地拥抱美食、拥抱自然。

《杂食者的两难》作者迈克尔·波伦，为加州大学伯克利分校教授，同时是著名的饮食作家，2010年曾被《时代》周刊评为"全球百位影响力人物"。除了该书之外，《烹：烹饪如何连接自然与文明》《为食物辩护：食者的宣言》《吃的法则：83条经典日常饮食手册》等系列作品，均有广泛的影响。

自从人类开始围坐在一起共同进餐，饮食之道就与文化，而不仅仅是生理需求，结下了不解之缘，人类透过饮食，将自然转化为文化。数百万年来，人类已经整合汇聚了明智的饮食之道，包括与饮食相关的禁忌、仪式和烹调方式。20世纪后半期以来，在工业化食品和不成熟营养学的推波助澜下，人类创造了新的食物链。餐桌上的食物离它的源头越来越远，而人类则萎缩在工业化食物链的末端，丧失了与自然相关的原始记忆。

作为美国饮食界的引领者，该书作者长期关注饮食与生态的议题，企图在工业社会与田园自然中寻求调和。在该书中，他以田园调查的方式，走访农场、研发室、牧场、食品加工厂和超市，从食材产地一路追踪到丰盛的餐桌，如侦探般地揭开现代食品的面貌，追寻现代饮食如何成为人类疾病的来源。

该书书名中的"杂食者"，正是我们人类。这个称谓形象生动，同时也是对人类偏好美食的一种嘲讽和揶揄。在"产业化的玉米""田园牧草""个人森林"三个部分中，该书作者从不同的维度，对于人类吃什么、怎么吃这个看似简单却变得陌生的问题，从生态学的维度进行探讨。

在自然界，并不是所有的物种都是杂食者。人类在漫长的生命进化过程中，不仅适应了自然，还主宰了自然，创造了文明。正是因为人类是杂食者，才在地球上生存下来。书中写道："什么都能吃是一项天大的恩惠，但是挑战也不少。"其好处是，人类可以成功地在地球所有陆地环境中生存，吃的种类多，得到的乐趣也多。然而过多选择食物，也会形成压力，产生食物二元论的观点，即好食物和坏食物。

英国作家英奇曾经形象地描述，整个自然界就是"吃"的主动语态和被动语态之间的动词变化。人类与生俱来的观察能力和记忆能力,以及对于大自然的好奇心与实验精神,也大多拜杂食这种特性所赐。许多适应环境的能力,包括狩猎和烹煮食物,也是为了破除其他生物的防御措施而演化而来。有的思想家甚至认为,正是人类不满足的胃口,造就了野蛮和文明,因为想把所有的东西都拿来吃的生物,会特别需要伦理、规则和仪式,我们吃下去的食物以及吃食物的方式,都会决定我们成为怎样的人。

维系人类生存的三条主要食物链是产业化食物链、有机食物链以及采猎食物链。三条食物链各有千秋,可是,经由我们所吃的食物,将人类与土地的生产力以及太阳的能量连接起来,这种连接可能并不显著,即便是一块奶油夹心饼干,都与万物发生着联系,毕竟食材源于广袤的自然界。传统社会里,社会生产力低下,人们的普遍愿望就是有一口饭吃,能够生存下来。但是进入工业社会之后,科学技术飞速发展,农牧渔等产业的生产能力极大提高,食物变得异常丰富,再则琳琅满目的调料品、标注各种营养学标签的食物、制作技术光怪陆离的食物,让人们无所适从。

当前之所以存在五花八门的食物,这和食品生产商有直接的关系。食品厂家为了牟利,不得不在饮食营销、饮食种类推陈出新方面大动脑筋。由此,吃什么和怎么吃,这个看似简单的问题,不知不觉成为人们的一大困惑。笔者认为,在吃什么和怎么吃方面,"大道至简"的哲学原则,也同样适用。无论市场上推出怎样的食物,无论食物广告多么诱人,选择食物以健康安全放心作为首要原则。若偏离了,疾病就会紧跟其后。尽管这是一个常识,依然被很多人忽略,不少人把口感当作标准。之所以出现这样的现象,就是人的欲望和胃口惹的祸。再则，越是接近自然的食物，越是相对安全的。

　　这里之所以说是相对安全，其主因是：若食材所依赖的土壤、水源出现污染，那食材肯定是不达标的。当前，保护生态、呵护环境和每一个人的健康息息相关，环境出现问题，人的身体必然出现健康风险。健康理念中，有一句俗话叫"管住嘴"，其实仅仅如此是不够的，还要管好生态。只有生态环境好了，我们吃起来才会坦然。与土地打交道的朴实农民，对于食材的选择有很多直观的经验，同时他们也知道保护土壤生态的重要性。而在大城市里生活的人，对这些没有全面的认知。通读此书后，笔者的最大感受是：在每天的饮食生活中，必须有所节制，不能为了好吃的感官刺激而忘乎所以。懂得感恩大地、感恩自然，是人类饮食和文明发展的前提。

锦绣山河 / 生态文化文学阅读手札

生态文化观察

古植物世界的恢宏图景

地球之所以是我们赖以生存的家园,是因为这个星球上有阳光、空气、水、植物、动物和其他丰富的自然资源。自从地球有生命以来,各种生物亿万年来历经了一轮又一轮的更替和演化,才有今天的自然图景。无论从何种角度讲,探究地球生命演化的前世今生,对于我们更理性地认识现在的世界,都具有非同寻常的意义。科学家们利用专业知识,不断地探寻远古生物的存在样态,为破解生命演化的奥秘奉献着智慧。获评"自然资源部优秀科普图书"的《寻找古植物王国:一场穿越 2.5 亿年的地质学旅行》(以下简称《寻找古植物王国》)(中国地质大学出版社 2022 年版),从地质科普的维度,描绘了一幅 2.5 亿年前古植物的恢宏图景。阅读此书,正可谓是一场穿越时空的地质旅行。

该书由中国地质大学(武汉)艺术与传媒学院副教授哈达、地球科学学院博士舒文超带领学生团队经过三年时间精心创作而成。在书中,作者以二叠纪—三叠纪地质学、古植物学相关的研究成果为支撑,以科学严谨的态度,用手绘表现与复原、图形释义等综合手法,对远古植物进行视觉再现。《寻找古植物王国》一书由认识、野外工作、实验、复原、古植物王国五个部分组成。书中,有关植物化石的特点、植物化石的采集、野外踏勘、古植物群落、生物大灭绝等内容,用"绘画+文字"的方式予以呈现。其中,地质研究中对图形图像科学性的求真要求,在书中准确、清晰地体现出来。

《寻找古植物王国》的出版,并非创作者拍脑袋临时起意。该书作者之一的哈达说,在古植物视觉复原研究与创作的过程中,他最初的想法是希望了解地质学家是如何工作的,可是随着研究的深入,他深刻感受到了古生物的魅力,远古时期千姿百态的植物引发了无尽想象和好奇心。也正是强烈的好奇心和对古植物的遐想,促使他坚持不懈地完成该书的创作。著名古生物学家、中国科学院院士殷鸿福教授在该书序言中写道,植物化石有利于我们了解地球生命演变、灭绝及其生活环境转变的全过程。书中一幅幅的手绘图,展示了2.5亿年前生物大灭绝事件发生前中国华南地区的植物图景,这启示今天的我们,要敬畏自然、珍爱生命,遵循人与自然和谐共生的大道。

阅读《寻找古植物王国》,不难发现该书有四个方面的特点。

其一是"组队"创作。坦率地讲,当前有关植物的科普图书层出不穷,有一些植物科普读物,要么是由这个领域的专家学者"亲自操刀",这样的益处是内容专业,但弊端是内容晦涩,读者提不起阅读兴趣;要么是非专业领域的人士对科普内容"拼拼凑凑",这样的作品过于浅显,甚至漏洞百出。而这本书恰恰是将古生物学和艺术设计学两个领域的专家汇聚在一起,然后分工协作,既保证了科普内容的准确性,在书的插画方面又具备专业性和审美性。远古的植物世界到底是怎样的，既需要古生物学专业研究成果作为支撑，又需要高质量的插画进行视觉再现。笔者认为，创作高质量的科普图书，需要不同学科背景的人"抱团取暖"，一个人即便再有才华，仅靠单打独斗搞科普创作，也很难拿出让公众信服的作品的。

其二是语言表述扼要准确。当前一些科普图书，对于科学问题的表述采用大量的专业词汇，甚至还出现了一些复杂的科学公式，这当然无可非议，但科普图书毕竟是给大众读的，这样势必影响普及性和传播性。《寻找古植物王国》一书的作者，将化石植物发掘、分析、实验等专业性的表述转化成大众喜闻乐见的文字语言，让人读后入脑入心。例如，书中对于植物化石采集工作现场的呈现，以大幅插画作为衬托，采取关键词汇进行扼要介绍，"开采大块岩石""观察化石细微结构""用罗盘测量""岩石取样""测量地层厚度"等，这种扼要的行文方式，和当前新兴的网络短视频字幕呈现方式有类似之处。可以看出，书中对于专业文字的表述，充分吸取了新媒体传播的好做法。再如，"修理植物叶片化石"内容，若用文字展开表述，读者会越读越糊涂。而书中仅仅利用两个页码的篇幅，拣重要的"干货"，配上恰当的插画，把复杂的化石修理问题，清晰完整地呈现给读者。当然，把复杂烦琐的科学问题用简要准确的语言讲清楚，非常考验创作者对科学内容的把控力。

其三是精美插画提升了科普品质。针对植物展开插画创作，不是什么稀罕事，国内外均有经典之作。而以已经灭绝的古植物为题材创作插画，并且以精益求精的态度，一笔一笔地描画出来，彰显了创作者的科学领悟能力、艺术功底和创作定力。《寻找古植物王国》

一书有300多幅不同类型的插画,有的表现远古时代的山川风景,有的是植物化石及其古植物复原图,还有的是古植物科学研究的工作图和过程图。作者对古植物的形状、颜色及其分布的地理环境进行谨慎复原。比如,在"古植物群落生态关系与环境复原"中,作者采用水彩画描绘了鳞木、芦木、栉羊齿、大羽羊齿等古植物,这些古植物栩栩如生,把人带回古老的植物王国,令人遐想无限。现在有一些科普作品,插画与科学的关系不大,也许有人认为,插画在科普作品中是无关紧要的陪衬,而在视觉叙事受到高度重视的当下,插画如果出彩了,必定提升科普作品的品质,丰富作品的内涵。

其四是科普叙事完整连贯。2.5亿年前的古植物,如今可能在地球上都不复存在,要想认识远古的植物,只能通过植物化石科学研究进行推导。故《寻找古植物王国》一书,用相当的文图篇幅,系统讲述化石的知识,这是科普的前奏和铺垫。书中,首先对植物化石的形成与特点、植物化石的埋藏等科学常识进行叙述。植物化石的形成,有一个漫长的过程:植物死亡后,其遗体被泥沙迅速掩埋进而沉积,经过几百万年的石化和碳化,其植物形状和结构保存在地层中,形成了植物化石,植物化石通过地层抬升露出地面。其次是对植物化石的野外采集工作进行连贯再现。若要认识古植物,关键是要采集古植物化石,而这是一个专业性很强的工作。在地质专业书籍中,往往对此会有大篇幅的叙述和分析,而该书巧做减法。如在"采集地点"中,用一张彩色插画就鲜活地呈现了新修公路旁的山体、河岸、断崖等,使读者一目了然。这样"一张图"的科普叙事,能够引发读者对古植物深入求索的兴趣。

概而言之,《寻找古植物王国》给人的启发是多方面的。我们探究古植物的生命演化的历史,其实是关注人类命运的走向。亿万年前,地球上遍地都是草木,绿色覆盖着山川大地,风景何等壮美。在工业革命之前,自然界和人类社会处于平衡状态,可在此之后,化石能源和森林的迅猛开发,自然环境的破坏,加速了一些物种的消亡。近年来,生态修复和环境保护受到高度重视。当下,我们要维护地球生物的多样性,科学利用自然资源,守护好青山绿水,也只有这样,人类在地球上才能走得更长远。

沉默的鱼儿
与变迁的自然

在广阔的世界中，林中奔跑的老虎、狮子、黑豹和空中飞翔的雄鹰、天鹅、大雁等动物，总是抓人眼球，引起人们的好奇之心。其实，从体态庞大的鲸鱼到小如米粒的蚂蚁，它们构成了一个生动、壮丽的自然。一些我们司空见惯的动物，往往被视为餐桌上的一道美食，倘若说它们是动物，甚至有些别别扭扭。这里说的动物，就是遍布在江河湖水中的淡水鱼类。淡水鱼类，往往被人忽略，但是它们是对生态环境变迁感知最为敏锐的生命群落。这些淡水鱼类的命运，是环境变迁的"传感器"。读图文并茂的科普著作《身边的鱼》，（武汉出版社 2019 年版）可收获诸多人文启示。

《身边的鱼》作者张国刚是大学美术专业教师，近 20 年来潜心美术教学与创作，多次参加各类画展。作为高校老师，他的心思是细腻的，创作中不仅关注人间百态，对世界万物的探究也乐此不疲。2007 年，他加入野鱼驯养爱好者团队，在城市周边河湖采集小野鱼，回家饲养观察。在此过程中，他发现生活在淡水中的鱼儿们，和人类一样有爱恨情仇、喜怒哀乐。从此，在绘画创作中，鱼成为他创作的主要对象。

从2012年开始，张国刚不仅研习鱼类的科学知识，还津津有味地用水彩的方式，描绘鱼儿的那些事儿。在鱼翔浅底的水域，他发现国内关于鱼类的科普绘本，要么常识错误多，要么绘画水准不敢恭维。他探索采用"文字+绘画"的方式，对鱼类开展双重叙事。3000多个日夜里，张国刚探访了众多河流、小溪、湖泊、池塘，寻觅着那些被人遗忘的原生淡水鱼类。经过艰辛地寻找、采集，精心地观察、记录，他描绘出鱼儿矫健的身姿、瑰丽的色彩，最终，这些故事和绘画汇集成一部部有价值的科普绘本。2017年，其绘本《野鱼记》获得全国优秀科普作品奖。但是他的探索并未止步，两年后又推出科普绘本《身边的鱼》。

概括地讲，《身边的鱼》共分为三个部分，即鱼的生命历程、寻踪江湖、鱼的外形。作者用准确而温情的词句、灵动而清新的笔触，介绍了生活在武汉市及长江中下游地区山川溪流、湖泊湿地中较为常见的野生鱼类。张国刚在书中写道，这些生活在我们身边的小鱼们，虽然没有多少经济价值，但它们是构成自然环境的重要组成部分。这些小鱼消失的时候，就是我们周围的河流湖泊变成"死水"之时。

为了创作科普作品《身边的鱼》，张国刚显然下足了功夫。若不是有坐冷板凳的定力，他也不会安安静静地俯下身子，日复一日描画鱼儿的万千气象。从事专业美术创作的人心里都明白，进行正儿八经的油画、国画、版画创作是正途，而痴心用水彩画具象的鱼，且是画插画，实在吃力不讨好。然而，张国刚在科普与绘画这两条看似不搭界的平行线上，寻找契合点、结合点，画出了几百幅令他自己得意、大众认同的科普作品。

为什么要用文字写鱼、用水彩画鱼？张国刚认为，江河湖水域中生长的淡水鱼类，虽然沉默不语，可是同样构成了一个万千世界，这是大自然的造化，特别是中亚亚热带区域内的淡水鱼家族，与生活在这里的人类一样，总是把美隐藏在平凡当中。只要深入鱼的王国，我们就没有理由不去爱它们、没有理由不去记录它们，鱼类和人类在很多方面具有相似之处。从生命进化的维度讲，人也是由远古的鱼演化而成的。讲述和描绘鱼类的繁衍、生存与日常，有助于深度思考人类与环境协调演化的关系。

该书中提及的原生淡水鱼，若从广义上讲，是指能生活在盐度为3‰的淡水中的鱼类；从狭义上讲，是指那些终其一生都在淡水域中生存的鱼类。世界上已知鱼类约有2.6万种，淡水鱼约有8600种。我国现有鱼类近3000种，其中淡水鱼有1000余种。对于淡水鱼类诞生与进化、类型、机能、生存等，该书作者在进行系统解读时，充满着文学的诗意与温情。

淡水鱼通常生存于内陆水域，然而最近几十年的经济发展、人口增加、环境污染、滥垦、滥建、筑坝等问题，使得淡水鱼的生存栖息地及水质遭受无以复加的破坏。某些可怜的淡水鱼，在我们还没有来得及将其归于某个种类时，已经悄无声息绝迹于河水深处。这看似和人类无关，其实包括淡水鱼在内的所有物种，若纷纷走向灭绝，万物的食物链就会被撕裂，生态与环境的平衡将受到严重挑战。

坦率地讲，当前国内科普创作不可谓不热闹。有些科普著作，要么是专业性表述太多,令普通读者"望而生畏";要么是拼凑的痕迹明显,"摘录"一点文字,"搜罗"一些图片,汇编在一起,然后冠以堂而皇之的书名,便在读者中推而广之。笔者认为,真正的科普著作,其创作者不仅要吃透科学内容,还要善于将科学常识通俗化、形象化,如果再以"我"为第一人称的方式表述,作品就增加了亲和力、传播力。翻阅《身边的鱼》,不难看到张国刚善于另辟蹊径,以画家炽热的激情,做真正有温度和审美高度的科普。该书出版之时,他的另一本著作《中国原生鱼水彩》也同期问世。专注描绘鱼儿的世界时,想必他也如同一条快活游弋的鱼儿。

《身边的鱼》给人带来无尽的启迪,正如书中所写:"也许我们寄居于高楼大厦,穿行于拥挤车流,但是,大自然才是我们真正的故乡。当我们置身于山川溪流,与草木为伍,与虫鱼为伴,我们不仅能寻获自然故乡的角落,更能找到内心的宁静和自然的和谐。"

第二辑
生态文学品鉴

自然生态文学的宽度、温度与厚度

2023年3月,中国自然资源作家协会的首个自然生态文学创作基地,在四川省兴文县揭牌。揭牌仪式上,还发布了《自然生态文学创作指南》。这则义讯经媒体报道之后,在文坛引起广泛关注。笔者作为嘉宾代表,见证了该基地揭牌的难忘时刻,同时内心难以平静,所思所想付诸笔端。

自然生态文学的平台宽度

任何一项工作、任何一项事业若要持续朝前推进,平台建设是基础和前提,文学创作也同样如此。自然生态文学创作基地的揭牌和创作指南的发布,意味着我国自然生态文学发展,进入一个新的阶段。

在很多人看来,文学创作是作家的"私事",写作需要才学和想象力。还有人认为,作家是一个人在战斗,是一个个的"孤勇者"。这些看法,若仅仅从个人写作的维度看,貌似有几分道理。而站在时代的高度,从文学的"全景"来分析,这就值得商榷了。文学创作是个人的事情,这是肯定无疑的,然而任何一位作家,都生活在特定的历史时代,要是作家的创作与时代、生活、环境脱节,那么这样的创作价值几何?

每一位作家都有擅长的创作领域,他们就如同天上零散分布的星星,散发着光亮。这些光亮聚合起来,就是耀眼的光芒。成立专门的自然生态文学创作基地,对于作家而言,能起到凝聚人心、明确创作方向、聚焦创作主题的作用,"撬动"作家们从更宏大的人文视野、更宽阔的文学格局、更深沉的创作情怀出发开展自然生态文学创作。

从现实的视角看,伴随着人与自然和谐共生的现代化深入推进,作为行业作家协会担负起时代的重任,用文学讲述人与自然的故事,成立自然生态文学创作基地并发布创作指南,不仅有助于自然生态文学事业登高原、攀高峰,还能有力地服务美丽中国建设,同时,也为文化强国建设注入源头活水。

人生活在具体的自然生态场域中,人与自然的互动关系,关乎地球和人类未来之命运。用文学的方式去思考人与自然的明天,是自然生态文学现在和将来都不可回避的严肃主题。自然生态文学创作基地设立在兴文县,不仅仅是挂个牌子、搞一次文学活动就了事。作为地方而言,还有着更大的期盼和愿景。

群山环绕中的兴文县山高水长、林木环绕、绿色覆盖,还拥有以石海世界地质公园为代表的一系列动人心魄的地质景观。此外,这里的古僰人聚居地等历史文化遗产也享誉国内外。目前,该县在乡村振兴的征程上爬坡上坎,为了推动经济社会发展,围绕古老的地质遗迹和方竹等自然资源产业,大打"自然牌""生态牌"和"历史牌"。自然生态文学创作基地运转起来后,将释放出巨大的文化能量:作家们不仅把这里的山脉、石海、竹林、田野、河流,源源不断写到作品里,县域知名度也一同被提升。同理,自然生态文学创作基地和平台分布越广泛,对于各地形象的多维推广就越有利。

自然生态文学的时代温度

这些年来,很多作家主动加入自然生态文学创作的行列中,在文坛形成影响。被誉为"帐篷诗人"的常江,20 世纪 60 年代大学毕业后赴遥远的青海从事地质工作,他长期在野外一边勘探一边写诗,成就斐然;杨沐围绕粮食主题创作的长篇报告文学《南繁:筑牢中国饭碗的底座》,2022 年入选全国"五个一工程"奖;陈国栋瞄准国家自然资源事业的发展目标,创作了《冰与火》《地球印记》等佳作,其中呈现地质公园规划建设的非虚构作品《地球印记》,获得 2022 年青花郎·人民文学奖;李青松面向自然进行生动书写,曾获得丰子恺散文奖和百花文学奖;赵腊平多年来在地质找矿领域开展文学创作、文化研究和媒体传播,出版 270 万字之巨的《赵腊平笔耕集》;胡红拴主导的中国生态地学诗派,创作了大量亮相全国报刊的诗作,成为诗坛的一道风景;周习创作自然资源系统干部职工深度参与脱贫攻坚的报告文学《行走乌蒙》,被文学界和媒体广泛评论和推介;周伟苠不单写散文还聚焦身边的河流,组建团队研究运河历史文化已成气候;叶浅韵、贾志红等在自然散文写作中持续发力,其《生生之门》《人在非洲》等作品令人耳目一新……还有不少自然生态文学作家,用心用情写作,努力夯实自然生态文学之基。

自然生态文学从概念本身讲，就是面向自然生态的文学书写。从内涵上看，就是反思人与自然的互动关系：一方面，自然资源给予人类繁衍生存的条件；另一方面，人类保护自然和科学利用资源。站在时代发展的交汇点上看，自然生态文学的核心议题就是讲好人与自然和谐共生的文学故事，这也是自然生态文学的底色和特色。目前，自然生态文学有了稳定的创作基地，明晰了创作的主题和方向，接下来就应该把时间交给作家们。

无论是从横向还是纵向看，自然生态文学的创作空间无比宽广而深远。因为人是自然中的人，文学作品中自然和环境一直"在场"，自然本身就是文学作品中不可或缺的组成。古今中外的很多文学作品，对自然世界都有精彩至极的描写和赞美，也正是通过文学对自然世界进行记录，今天我们对古代的世界才有更多立体的认知。一部人类文明史，也是一部自然变迁史。自然、历史及人的生存状况，是自然生态文学创作的切入点。如果用中观尺度看自然生态文学应该写什么，笔者认为，就是要集中精力写好山水林田湖草沙地矿等自然资源的文学篇章，写好保护自然和科学利用资源的篇章。总之，在自然生态文学的视域中，要在"自然"的关照下进行文学叙事。

自然生态文学的创作厚度

目前，自然生态文学是文坛的"显学"，吸引无数作家参与其中。如何面向自然开展文学书写，是摆在作家们眼前的现实问题。笔者观察发现，现在有三种现象要引起重视。其一，一些作家有热情有干劲，但是在作品中振臂高呼"保护自然"的情况时有发生，空洞的口号是文学大忌,这种情况发生的原因就是对自然和人的关系没有沉下心来思考,这导致作品浮于表面,影响作品的品质。其二,有的作家完全沉迷在个人世界中,对描写自然界中的"琐碎"津津乐道,这种看似细致入微,但"看得见树叶却看不见森林"会影响作品的深度。书写自然同样需要家国情怀和忧患意识,充分释放文学在自然资源事业中的效应。其三,有的作家将对自然的书写,视为展示优美文辞的契机,作品中处处都是廉价的矫情,凸显语言文字之美和自然环境之美是值得倡导的,可言之有物更是不可突破的文学防线。

上述种种现象的存在,其原因多种多样,归结到底,是作家在思想深处还没有意识到"如何写"的问题。或许,可以从优秀作家和作品中能找到启发。如古代的徐霞客走遍万水千山,留下代代相传的《徐霞客游记》,这是自然生态文学享之不尽的创作宝库。当代作家贾平凹、张炜、阿来、梁衡、徐刚等,将自然的书写与历史交融交织,形成自然与人文双向奔赴的张力。自然生态文学在国外,百年前就已形成格局,《瓦尔登湖》《沙乡年鉴》《寂静的春天》等文学名著,为自然生态文学写作提供了难得的范式。作家们书写自然,要摒弃人类中心主义的意识,要迅速离开书斋,俯下身子,走进色彩斑斓的自然界,悉心观察,深入采访,扎实调研,与山川河流、万物生灵进行平等对话。

自然生态文学作为一个文化场域,创作首当其冲,而理论研究和文学评论,也要并行向前。文学创作需要以理论研究为支撑,需要文学评论把旗定向。自然生态文学创作若要走得更远更久,理论研究和文学评论不可落单。另外,作家们潜心创作之时,也要抬头看路,顺应时代发展趋势,主动"触网",运用网络微视频等新媒体,用"网言网语"把自然生态文学之声传开来,吸引更多的人走进这个大家庭。

回首过去、展望未来,人与自然和谐共生现在已成为广泛的社会愿景,自然生态文学站在历史与未来的交汇点上,迎来发展的黄金时代。搭建更多的文学创作平台、创作更多的文学精品、培养更多的文学人才,是时代赋予自然生态文学的重任。我们相信,自然生态文学只要不断拓展广度、提升温度、强化厚度,必将在中国文学界熠熠生光。

生态文学品鉴

一条山脉的
自然表达与文学呈现

作为小说,尤其是长篇小说,人物、故事和场景,均是最重要的创作要素,当前很多小说,在人物刻画和故事讲述方面绞尽脑汁,但是对于自然场景的再现,要么是轻描淡写,要么是潦草不堪。所以有人感叹,自然场景是什么时候在当代小说中退场的?在很多中外经典小说中,自然场景往往为小说"加分添彩"。小说中的人物和故事,是在一定的自然场景中演绎的,淡化自然场景的描写,不仅是小说创作的遗憾,深层次讲也是自然认知的迷失。

贾平凹的最新长篇笔记小说《秦岭记》(人民文学出版社2022年版),其小说之名就开宗明义,将自然场景推到了叙事的前台,山川、河流、草木、飞鸟、走兽,成为小说的最大看点,而所有的人物隐身于自然世界。不得不说,这部小说是对自然的再度回归,也是当前小说创作的一种自然转向。重返自然、重新审视人与自然的关系,这是时代赋予文学的新使命,也是小说创作的新机遇和新路向。

从事文学创作50余年的贾平凹,是从陕南农村走出来的作家,从小对自然万物充满好奇。他青少年时期生活的地域,也是秦岭的一部分。在他的创作中,对自然的观察和描写一以贯之,并且都有精彩细腻的表达,如在《浮躁》《商州》《高老庄》《怀念狼》《古炉》《山本》《秦腔》等作品中,自然是不可缺少的部分,人和自然交融共生,你中有我、我中有你。而《秦岭记》这部小说,是作家对自然的集中和深度的思考,是文学自然观的一次整体亮相。

《秦岭记》以笔记小说的形式,讲述秦岭中人与自然的近 60 个故事,其中有山川里隐藏着的万物生灵,有河流里流淌着的低语生命,还有万千沟坎褶皱里生动的物事、人事、史事。小说既描写了秦岭的天文地理、村落山民、鸟兽虫鱼、花草树木,也融入了人生之悟。不难看出,这部小说既"继承"了《山海经》《聊斋志异》等中国传统文学的基因,也蕴含着作家生长于斯的生命密码,其境界开阔深远、笔法摇曳多姿。在写作风格上,小说借鉴了散文更加自由的表达,多点透视成为小说的鲜明特征。

对于一个优秀的小说家而言,在创作中要充分考虑自然、环境和地域因素,这些因素在某种程度上讲,让作品最后形成独特的气质和"面相"。对于这一点,贾平凹深以为然。2017 年创作长篇小说《山本》时,他说秦岭是"一条龙脉,横亘在那里,提携了黄河长江,统领着北方南方"。2021 年创作《秦岭记》收官之时,他反倒不知如何去描述秦岭,"几十年过去了,我一直在写秦岭,写它历史的光荣和苦难,写它现实的振兴和忧患,写它山水草木和飞禽走兽的形胜,写它儒释道加红色革命的精神。先还是着眼于秦岭里的商州,后是放大到整个秦岭。如果概括一句话,那就是:秦岭和秦岭里的我。"这不难看出,作家对于秦岭的深情,藏在骨子里,流淌在血脉中。

无论是小说还是散文，贾平凹所写的故事，皆发生于文学地理意义上之秦岭南北，而中国大历史之重要事件，亦大多发生于此。为了写小说，在数年里，他去过秦岭起脉的昆仑，去过太白山和华山，去过从太白山到华山之间的七十二峪，还有商洛境内的天竺山和商山。但是在他看来，这些和秦岭的瑰丽与磅礴都不能相提并论。在秦岭里行走，贾平凹能体会到一只鸟飞进树林是什么状态，一棵草长在沟壑里是什么状况。他的笔端对准秦岭，既写自然的秦岭，也写人文的秦岭，有"双向奔赴"之感。自然的秦岭山青水绿、物产丰富，就是一座大型的宝库。对自然秦岭的文学呈现，他当然不会直奔主题，更不会简单表达热爱之情，而是如数家珍，对秦岭风物进行"记录"。这种记录，不是学者们田野调查式的采集数据，而是发挥文学无与伦比的想象力，加之直面现实的反思精神。

　　秦岭对于贾平凹而言，就是一幅色彩斑斓的"野居图"。《秦岭记》的每一行字，感觉都是有生机的、奔腾的，这样的小说不能快读，而是要安静下来慢慢品。小说开篇写道，秦岭有一条倒流河，河流一般是由西往东流淌，而这条河由东向西。倒流河边有一座白乌山，山由一块整石形成，山上只生长楷树和模树。如此特殊的河和山，其实是为整部小说定调：秦岭的一切是不凡的，自然万物的各种故事在这里轮番上演。小说中写道，有一棵古银杏树，原本被老人照看得挺好的，却被一个商人绞尽脑汁雇人砍掉。在古树运输途中，一系列离奇的遭遇让商人不寒而栗，他悟出一个道理：古树虽不会说话，但也有生命的气场，糟蹋古树必遭天谴。小说中没有多余的感慨和议论，在叙事中表达了一种质朴的自然观：人与自然万物其实是生命的共同体,这个共同体的平衡若被破坏了,那破坏者就会遭到自然的惩戒。

连绵起伏的秦岭,不仅树木繁茂,也是动物们的乐园。《秦岭记》中对于动物有精彩的描写。小说中写道,在秦岭南坡,有一个接一个的村落,质朴的山民一代又一代在此安居,这里常有各种动物出没。"在黑暗的深处有了许多星星,光点微小,还是一对一对的,游移不定。那不是星星,是星星的眼睛,要么是狐狸,要么是獐子或獾。"如果说这样写动物还算中规中矩,接下来的描写,想象丰富,读来让人脑洞大开。"他面前是一只鹅,鹅在叫着自己的名字……一头猪前腿搭在圈墙上,哼哼唧唧在笑。"该书作者采用拟人的手法,把动物写得惟妙惟肖,尽管显得夸张,但在山林的语境中却恰到好处。在贾平凹的眼里,树也好,动物也罢,都通人性,都能和人交流。从另外一个方面可以看出,人在自然万物面前,根本就没有什么优越感,人就是自然生态系统中平等的一份子。

《秦岭记》呈现出的自然与人,就如同一个魔幻而传奇的万花筒中的景象:能听懂人话的忠犬;高僧进入便会流出泉水的山洞;人抱着哭,叶子就会一起流眼泪的皂角树;可以进入别人梦境的小职员……小说中,类似这样看上去匪夷所思的人、动物、植物比比皆是。在现实的自然世界里,自然万物看上去是平凡的、不足为奇的,而在贾平凹的笔下,自然界一切生命的进场和退场,都自有安排。

这部自然主题浓郁的小说,让笔者更加感受到好奇心和想象力在小说创作中的重要地位。《秦岭记》既传统又现代,既写实又高远,语言朴拙、稳健,充分彰显一位作家老道的文学内功。"写好中国文字的每一个句子"是贾平凹的座右铭。"不论是人是兽，是花木，是庄稼，为人就把人做好，为兽就把兽做好，为花木就开枝散叶，把花开艳，为庄稼就把苗秆子长壮，尽量结出长穗，颗粒饱满。"这形象生动的比喻，值得所有作家去仔细揣摩。

贾平凹不是专门的自然文学作家，但是自然世界在《秦岭记》中得到淋漓尽致的呈现。若一个人不经常在自然中行走，对自然万物不够友善，就不会写出这样接地气、沾露珠的力作。笔者无意给这部小说贴上自然文学的标签，可是贾平凹书写自然的情怀和智慧，足以令人折服。读《秦岭记》，从人与自然的维度讲，至少带来三方面的思考：其一是文学创作者对自然要予以足够的关注。因为我们的生存繁衍得益于自然，文学创作不能撇开或者疏离自然，否则文学叙事是不丰富的，缺少应有的活力和张力。其二是文学创作者要巧妙书写自然。文学中呈现自然当然不是直白地歌颂，也不是写几句空洞的口号，而是要以敬畏之心，向自然学习，体悟和谐共生的深刻内涵，"沉入"自然再"浮上来"，这样文学的自然主题就会丰盈有厚度。其三是时代呼唤自然主题的力作。对于自然的重视和关注，是因为身边的自然环境曾经受到人为的践踏，如今全社会高度重视自然环境的治理和修复，小说中的秦岭，在现实中也经历过这样的遭遇。书写环境之变、彰显自然之美，是当前文学创作的题中之义。至于用怎样的视角表现自然，那就各显神通了。

生态文学品鉴

土地、农民与乡村振兴

农民是我国最大的群体,从古至今,一代代的农民守望着土地,辛勤地劳作,不仅养活了自己和家人,还维系着社会的运转。农民也是历来备受各界关注的群体,尤其是在文学创作领域,以农民为写作对象的作品层出不穷。近年来,伴随着社会的不断进步,生产生活方式的快速发展,以农民为写作对象的文学创作也在逐步转向。长篇小说《中国农民》(山东文艺出版社 2022 年版)从阅读体验的角度,改变了我们对农民群体的传统认知;从文学创新的角度,塑造了全新的农民形象,拓展了农民主题的文学创作空间。

该书作者周习作为一名女作家,近年来跋涉山河,在行走中创作了《土窑》《盐碱地》《天干地支》《行走乌蒙》《碧海金滩北戴河》等一批有生活温度的作品,在虚构与非虚构写作之间,自由切换。但是无论如何,她的起点和落笔,都关注现实生活以及普通人的喜怒哀乐。长篇小说《中国农民》延续了这一创作特点,同时又在人物形象塑造方面有着新的突破。

《中国农民》取材于周习的家乡山东寿光,是以县委书记王伯祥为原型创作的长篇小说。寿光是著名的蔬菜之乡,创造了惊人的经济效益。周习之所以在这部小说中把文学的地理坐标选择在故乡，是因为她熟悉这片土地，对乡亲们怀有深情，同时也见证了家乡的沧桑巨变。小说主要讲述了一个叫菜乡的地方，农民出身、被老百姓称作"百姓书记"的王为民，带领农民勇闯农业科学领域，创建九巷蔬菜批发市场，进而将其发展成蔬菜批发基地的故事。同时，小说中塑造的人物王为民，带领韩大山、王仁义等农民推广冬暖式大棚，五年建起三万多个。这些大棚成为农民家庭的绿色银行，也使三元朱村成为乡村振兴的典范，稳居全国百强，菜乡成为一号菜园子和中国一号菜篮子。周习在小说中不仅塑造了新时代农民敢想敢干的文学形象，还塑造了全心全意为人民服务的好干部形象。小说中的王为民是新时代党员干部的代表，他动过两次大的胃部手术，最后的留言是："为人民服务""为人民服务好""谁为人民服务好，就是一个好人好官"。

《中国农民》中的地名、人名尽管是虚构的，但农民们奔小康的故事在现实生活中有迹可循。这部小说与其说是为新时代的农民作传，还不如说是一幅中国乡村振兴的时代画卷。坦率地讲，几千年来，中国农民一直处于社会底层，脸朝黄土背朝天，长期身处水深火热之中。诸多作品对农民的书写就是"苦难"和"受压迫"。新中国成立之后，广大农民翻身做主人，文学作品紧跟时代，其中农民的文学形象也发生变化。20世纪50年代众多文学作品展现农民"站起来"，80年代文学作品展现农民"富起来"，而体现农民"强起来"的作品并不多见。党的十八大以来，农民的社会地位、生产收入、生活条件和幸福指数，较以前有巨大的提升。文学创作中关于新农民的文学形象塑造，也呼之欲出。聚焦乡村振兴和新时代农业农村农民主题的文学创作，是作家的时代之责，不可回避也不能回避。长篇小说《中国农民》的问世，就是有力的文学之答。

读《中国农民》不难发现，这部长篇小说中的人物形象饱满，故事结构完整、时间跨度长，不仅可以全览农村的发展，还能了解农民的精神成长历程。而这些变化，离不开党的政策支持。《中国农民》正是新时代农村的生动写照。同时，该书作者用笔深情、用情淋漓，生动阐释了"幸福都是奋斗出来的"的深刻内涵。小说中，没有博人眼球的离奇情节，对"三农"理念更没有夸夸其谈。《中国农民》的特色就是立足现实生活，紧密关注时代发展进程中农民命运的"起承转合"，继承了《山乡巨变》《暴风骤雨》《创业史》等优秀长篇小说扎根中国大地、站稳人民立场的优良传统。再则，这部小说润物无声地传递着一种精神的力量，鼓励青年们投身希望的田野，在干事创业中书写青春的华章。

笔者认为，现实主义维度下以农民为主题的文学创作，尤其是小说创作，要在三个方面下功夫。一是扎根生活，厚植人民情怀。任何文学创作都是从生活中来，到生活中去，若要用小说讲好农民故事，作家们必须迈开腿、俯下身，走进农民的生活和劳作现场，倾听和了解他们的真实诉求，和他们心连心、打成一片。只有这样，作品才会"沾泥土""带露珠""冒热气"。二是塑造有鲜明时代特征的新农民文学形象。小说创作中，所有的故事情节都是为了塑造记得住、传得开的人物形象。不得不说，有的作家调研采访不深入，闭门造车，想象出来的农民形象给人虚假之感。反之，文学形象塑造得越扎实、精彩，作品也就越受到认可。三是锤炼有审美品位的文学语言。小说终究是语言的艺术，具有审美向度的语言，关乎小说的艺术质量。不能简单地将农民日常生活中的语言直接复制于小说中，小说的语言需要精心打磨和提炼，即便故事情节再吸引人，如果文学语言粗糙了，也会拉低小说的整体品质。

当前，乡村振兴正在如火如荼地朝前推进，新一代农民群体在各个方面都发生极大的变化，如种地观念转变了，文化水平提高了，眼界视野更开阔了，创收渠道也更多元了，这些新情况和新变化，都对文学创作提出新要求。无论是现在还是将来，农民这一最广大的群体，依然是文学创作中的主体。写好了中国农民故事，也就写好了中国故事。

新时代山乡巨变的文学之维

贫困是文明社会的顽疾，而摆脱贫困则是全人类的理想。近年来，我国为了摆脱贫困，出台了一系列的制度和政策，投入大量的经费和物质，也派出了大批干部，在脱贫攻坚的主战场，与贫困展开博弈。脱贫攻坚战中，涌现出无数先进典型和诸多可歌可泣的感人故事。为了讲好扶贫故事，近年来很多作家深入贫困地区，进行多种文学体裁的创作，涌现出一批精品力作，长篇报告文学《行走乌蒙》（作家出版社2021年版）就是其中的代表之一。这部作品不仅拓展了扶贫主题报告文学的空间和广度，还为新时代作家如何面向时代、扎根基层、以人民为中心的文学书写提供了一个范式。

这部长篇报告文学作品的作者周习，是自然资源领域的优秀女作家。多年来，她围绕人与自然和谐共生这一命题，常年在主流文学报刊发表作品，出版过《土窑》《天干地支》《盐诺》等小说作品，获得过众多文学奖项。在广阔的社会生活中，这些年她充分意识到报告文学在记录时代变迁中的巨大力量，于是"转战"报告文学领域，孜孜不倦地为时代立传、为人民"画像"，《行走乌蒙》就是她呈现给文坛的力作。

《行走乌蒙》以讲好中国故事为价值追求，紧扣脱贫攻坚、乡村振兴、美丽中国重大主题，从乌蒙山劳动人民的生产实践和火热生活中汲取营养、挖掘素材，真实记录了乌蒙山区30年的发展历程，精微描写乌蒙山区的发展及扶贫干部的无私付出，实现了思想性、纪实性与艺术性的统一。这部长篇报告文学，塑造了众多驻村扶贫干部，特别是自然资源系统扶贫干部职工的英雄群像，客观地再现了他们情系乌蒙、奋战扶贫一线的感人故事，讴歌了他们无私奉献、勇于开拓的精神，同时也彰显了人民群众对党和国家的信任和感恩。

为了写好这部作品，周习曾经沿着贫困山区的扶贫线路行走，扎扎实实地记录那片土地的美丽、生活的艰难与改变。她深入乌蒙山区的村落，和当地的人民群众交流，从而在作品中实现情感和心灵融合。同时，她还对乌蒙山区的历史文化和民风民俗进行挖掘，这使得作品更有文化底蕴，文学表达更加丰富。周习曾说，她有幸用一支拙笔记录了乌蒙山腹地脱贫攻坚10年中的某个瞬间，记录了某个第一书记、某个乡村干部、某个贫困人员的只言片语，记录了从国家领导人到地方群众为战胜贫困、实现小康所表现出的奋斗精神，展现的是云山火海的沧桑巨变。瞬间能永恒，历久能弥坚，她坚信真实的力量坚不可摧。

《行走乌蒙》唱响主旋律、充满正能量。阅读中不难看出，在乌蒙山区，扶贫干部们无不是舍小家为大家，同贫困群众结对子、认亲戚，常年加班加点、任劳任怨，在困难面前豁得出，在关键时候顶得上，把心血和汗水洒遍乌蒙山区的山山水水和千家万户。他们爬过高山，走过险路，去过偏远的村落，住过最穷的人家。时代造就英雄,伟大来自平凡。在脱贫攻坚主战场,乌蒙山区的驻村干部们倾力奉献,而全国数百万计的扶贫干部何尝又不是如此?他们以热血赴使命,以行动践诺言,苦干实干,同贫困群众想在一起、过在一起、干在一起,将最美的年华无私地奉献给了党的脱贫事业。正是因为扶贫干部们的无私付出,如今的乌蒙山区摘掉了贫困的帽子,呈现山乡巨变、山河锦绣的美丽画卷。

《行走乌蒙》书写了新时代山乡巨变,充分显示出文学在新时代社会进程中的作用和影响。对脱贫攻坚、乡村振兴、美丽中国的文学表达,在当前和今后一段时间,依然是文学写作的热点,而要写好这一主题的报告文学作品,深入生活、扎根人民是前提和关键。对于现实主义文学写作而言,如果不真正深入火热的生活中,不融入基层和人民群众中,而只是浮光掠影地走一走、看一看、写一写,靠想象"拼接"情节和细节,这样的作品即便文辞再优美,其内在也是空洞的。经不起历史和社会检阅的作品,即使投入的时间再多、花费的精力再多,都是枉然。周习为了写好这部报告文学作品,在乌蒙山行走和采访10年,在高海拔地区,她忍受晕车、呕吐等不良反应。她回忆采访途中,"有一天我的右眼看不清东西了,回北京后治疗了3个月,才恢复了视力。"这部作品,正可谓是双脚"走出来"的。

这部长篇报告文学,从某种程度上讲是一面镜子。对于报告文学的写作,前些年有人抱有偏见,认为"文学性"不够。好在这些年,这种观念发生了变化。之所以变化,是因为文学性强的作品纷纷涌现,报告文学的水平整体明显提升。但同时我们也要冷静地看到：将小说、影视中的创作手法借用到报告文学写作中是不可取的，不能为了写出好看的故事，而失去了生活的真实性，毕竟报告文学中的故事和人物，都是真实的。如何处理好生活的真实性和文学的真实性之间的关系，考验着作家们的文学功底。

《行走乌蒙》是周习从小说到报告文学的转型之作，在写作方式和方法上，她都进行了积极的探索。如在叙事上，她采取散文化的线性叙述方式，这既保持了女性叙事的流畅性，也体现了非虚构文体的客观理性。对于山区动人心魄的风景，她也进行动人的描写，将景物、故事、人物交融在一起，这提升了报告文学表达的厚度和力度。无论从哪个角度看，《行走乌蒙》都是一部有温度、有情怀、接地气、体现时代精神的佳作。

深沉的自然之爱

近年来,自然文学创作已经成为热门话题。其中一个主要原因,就是人类和自然原本和谐的关系变得失衡,生态环境恶化影响人类健康和子孙繁衍。在这样的现实面前,很多作家主动介入自然文学当中,用不同题材的作品,书写人与自然的故事,反思人与自然的关系。在自然文学作家群体中,李青松无疑是中坚力量,正可谓人如其名,他注定与自然文学结缘。李青松出版的生态文学作品《相信自然》(黄山书社2021年版),以叙事、抒情、论说等不同方式,表达对自然、文学的新见解。

作为国内有影响力的自然文学作家,李青松长期以来围绕生态和自然主题,进行孜孜不倦的文学书写。除了该书之外,他还出版过《开国林垦部长》《穿山甲》《万物笔记》《大地伦理》等作品。由于长期聚焦自然文学创作,他还获得过众多文学奖项,一系列作品成为自然文学创作与研究的范本。《相信自然》一书中,收录了他近年发表的29篇自然主题的非虚构作品、散文和随笔,书写的对象涉及山川、河流、草木、动物,以及和自然相关的传说、典故等,虽然每篇文章的书写对象是自然,但文字的背后却是一位作家深沉的自然之爱。

"我们自以为主宰了一切，其实，主宰一切的是自然。"在李青松眼中，自然涵养坚韧与传奇，也涵养爱与美。自然是生命共同体，人也归属其中。我们的生命，无论过去、现在还是未来，都无法从自然中剥离出来，总是与自然相牵相连。自然的痕迹无处不在，体现在发明与创造中，渗透在文学与艺术里，还烙印在我们的思想和灵魂中。相信自然，就是相信美好和崇高。

何谓自然文学？从学理上讲，可以有很多解读，简言之，但凡把自然作为书写对象的文学作品，皆可称为自然文学。有人曾问李青松："自然文学是不是只关注自然，不关注人呢？"他的回答是："自然文学不是不关注人，而是与人相比，对自然的关注更多一些。文学是人学，但自然文学是人与自然、人与万物的关系学。自然文学中，人不一定是主角，但自然一定是主角。这个主角表现了自然的坚韧与野性，自然的爱与美，自然的神秘与传奇。"也正是基于对自然文学的这种理解，他在自然文学的征途上，时而披荆斩棘，时而缓缓而行，他有时是心情愉悦的，有时是神情凝重的，一年又一年，他的一系列自然文学作品，在中国文坛精彩亮相。

作为生态文学作家，其敏锐的观察力、与生俱来的惊异感，是最基本的能力和素养，若对自然万物失去耐心，全然靠想象拼接成章，那笔下的自然是苍白空洞的。《相信自然》一书，以《哈拉哈河》作为开篇。文中，李青松近距离接触北方的这条河流，用生动、温情的笔触，采取写实的方式描绘河流两岸的森林、鸟兽、鱼儿、捕鱼人、四季变换，以及不可言说的、细微的种种美好。他对动物的描写鲜活又形象,彰显出极强的写作功底。如写花尾榛鸡:"花尾榛鸡似锥而小,黑眼珠,赤眉纹,利爪,短腿。体长盈尺,羽色清灰,间或有黑褐色横纹。远观,如同桦树皮,不易被发现。"写松鼠:"松鼠是森林里的精灵。它那漂亮的尾巴飘飘然,轻巧灵活,光亮闪闪,妩媚动人。"写黑熊:"有时黑熊也到哈拉哈河的浅滩上溜达,眼睛却不时瞟一瞟河里。"写哲罗鱼:"傍晚,哲罗鱼生猛地跳出水面,捕捉飞蛾飞虫。水面泛起层层涟漪,泛起多多水花。"李青松为动物进行文学画像,写实又精确,强烈的画面感扑面而来。对自然万物细致入微的描写,还体现在《大麻哈鱼》《鳇鱼圈》《乌贼》《带鱼生猛》《乌鸦》等篇章中。

宽广无垠的自然界里,有一些珍稀的物种,引起李青松的关注。并不是说这类物种价值连城,而是在地球生命起源和演化中,珍稀物种扮演着科学的角色。水杉在地球上有着上亿年的存活历史,比人类的历史古老得多,被誉为植物界的"活化石"。长期以来,植物学家们认为水杉早已销声匿迹,只能在化石中寻找其踪迹。位于湖北和重庆交接的利川市谋道镇,生长着一棵有着600年历史的水杉。这棵水杉的发现,改写了植物演化的历史。在《水杉王》一文中,李青松通过现场采访、观察、比对,全方位为水杉"立传"。这棵水杉历经各种气候灾难,躲过"大跃进"和"大炼钢铁"的特殊时期,始终巍然不倒。其实树的命运,往往和人的命运有着某种暗合,有的中途退场,有的寿终正寝。在一棵顽强的树面前,人其实没有什么值得傲慢的,因为树有时更顽强、坚韧。

同样是写树,其视角是可以切换的。金丝楠木是罕见的名贵树种，价格比黄金还贵。金丝楠木有一种至尊至美的气质，不喧不躁、安静沉稳、盖世独一，人称"皇木"。长期以来，用楠木修建房屋、制作家具，是权贵和财富的象征。湖北竹溪县的深山里，一直就生长着这种树，这里盛产的楠木，明朝时曾经运到北京修缮故宫。《金丝楠木》一文中，李青松不仅对何为金丝楠木进行科普性的叙述，还对围绕金丝楠木产生的历史典故娓娓道来。这种从科学的、人文的双重视角书写树木，立刻让树的文学形象饱满、充实。

对于自然文学而言，体会、体验、体察、体认格外重要。在《相信自然》的后记中，李青松认为，让"体"置于自然其间，才能感受到阳光的爱意、土地的温暖、水流的清冽、空气的甘甜。让"体"置于自然其间，才能近距离地欣赏动物、植物以及菌类和微生物之间相牵连的美妙。自然文学要见形、见色、见影、见踪、见近、见远；闻声、闻味、闻虚、闻实、闻喜、闻忧。在自然文学创作中，作家的感受力尤其可贵，道听途说或者"据说"乃大忌。不得不警惕的是，当前有一些自然文学作品，空喊口号的多、玩弄概念的多、浅层描述的多，而触动灵魂的却不多，淋漓尽致刻画自然之美的更是屈指可数。自然有灵性、有美感，写出自然之灵之美尤为关键。

自然文学不是哗众取宠的文字游戏，在故事情节等"好看性"方面，和波澜起伏的小说不能简单类比，自然文学注重对自然万物的观察和描写，要求作家对世界拥有悲悯之心。在自然文学的视域中，对万物刻意进行起承转合的故事设计，显然会弄巧成拙，毕竟任何虚构性的故事情节和人物，在真实的自然面前都是卑微和渺小的。作为自然文学作家，要善于还原生机蓬勃的自然，把自然写得自然而然，这是一种不露声色的境界。

总体上讲，《相信自然》讲述的是人与自然的故事，其启示是多方面的。在自然面前，我们要懂得天地有定律，四季有成规，万物有法则。我们要学会敬畏自然，与自然和谐共生。若藐视自然、亵渎自然或者破坏自然，必然遭到自然的报复。无论从文学创作还是生态治理的角度讲，自然文学任重道远，优秀的作品从精神层面，能够助力生态文明建设的进程。从这个意义上看，自然文学在我国的发展和繁荣，正迎来历史性的机遇。

把心交给自然

在当代文学的版图中，生态文学以其对自然的敬畏与对人类生存环境的关切，开辟出一片独特的天地。李青松作为生态文学领域的代表性作家，新近出版的《看得见的东北》（广西师范大学出版社2025年版）如同一幅徐徐展开的画卷，生动地描绘出东北大地的山川风貌、物种百态及人文底蕴，引领我们探究这片神奇而广袤的山河。

李青松是生态文学创作领域的"长跑选手"，30多年来一直努力耕耘。作为中国报告文学学会副会长的他，除了该书之外，还出版了《北京的山》《相信自然》《塞罕坝时间》等作品。他通过一系列作品，用文学讲述人与自然的故事，呼唤万物之间的平等友善。《看得见的东北》一书，将书写聚焦特定的区域，进而拓展生态文学的深度和厚度，在此基础上，思考自然与人文、自然与历史之间的交融关系。

大自然中的万物生灵，表面上看"各自奔赴"，其实是一个有机的整体，环环相扣。李青松懂得其中的玄机，并且在《看得见的东北》的写作和编排中予以借鉴。该书以东北的地理区域为线索，对不同的生态系统依次展开描写,每个章节既相对独立,又相互关联,共同构成了一个完整的东北生态图谱。在文学叙述过程中,他将自然描写、历史回忆、人文典故融合在一起,这样我们在阅读中,既能领略东北自然风物之美,又能了解其背后的人文之魅。

《看得见的东北》以东北独特的自然生态系统为基石,构建起全书的骨架。从大兴安岭的原始森林到长白山的皑皑雪山,从松嫩平原的肥沃黑土到辽河口的湿地滩涂,李青松用细腻而生动的笔触,将东北的自然娓娓道来。书中,对大兴安岭森林的描写令人印象深刻。"大兴安岭的树,是山的骨骼,是大地的卫士。它们以一种倔强的姿态,在这片土地上扎根生长,历经风雨,见证岁月的变迁。"通过这样的文学语言,我们仿佛置身于那片浩瀚的林海之中,感受到树木蓬勃的生命力,以及森林在维护生态平衡中所处的重要地位。

广袤的自然界中,野生动植物是生态状况的一把标尺,它们的命运,是自然活力的"晴雨表",对野生动植物进行文学书写,是生态文学创作中不可或缺的一环。毕竟,对"第一自然"进行文学观察和表达,才能真正实现文学与自然的对话。书中,李青松对东北野生动植物的刻画,不但细致入微,而且读后给人带来无尽的想象空间。他描述东北虎、棕熊、丹顶鹤等珍稀野生动物的生存习性、栖息环境,以及它们在生物多样性中扮演的角色。描写丹顶鹤时,他以拟人的笔法写道:"丹顶鹤,宛如天空中优雅的舞者,它们在湿地的浅滩上翩翩起舞,修长的脖颈、洁白的羽毛,在阳光下闪耀着圣洁的光芒。它们的存在,不仅为东北的湿地增添了灵动之美,更是生态环境健康的重要指示物种。"这种对野生动物的描述,让我们无论是从感性还是从理性上讲，都会心生怜悯。

从生态文学角度看，尽管写作的对象直指自然万物，但是自然万物和人有着千丝万缕的联系，人的历史与文化，在生态文学的书写中是不能回避，也无法回避的。在《看得见的东北》一书中，李青松不仅仅局限于对当下自然风物的描绘，还深入挖掘东北大地悠久的历史，展现了人与自然在漫长岁月中相互依存、相互影响的关系。比如，书中通过对东北古代渔猎文化、农耕文化的研究与书写，揭示了先民们在这片土地上繁衍生息的生态智慧。例如，书中介绍了赫哲族独特的渔猎文化，他们根据季节变化和鱼类洄游规律进行捕鱼，形成了一套可持续的生存模式。这种古老的文化传统，实则是人尊重自然、顺应自然的生动演绎。

在生态文学创作中，生态环境变迁对于现实社会的影响，是很多生态文学作家一直都在思考的问题，这不仅关乎自然的走向，也和人的生存息息相关。李青松在该书中，对于这一严肃的现实问题，进行了冷静的思考。他回顾了近代以来，随着工业化、城市化进程的加速，东北的森林资源、土地资源面临的种种挑战。从过度砍伐森林导致水土流失，到湿地开垦引发生态退化，这些历史往事，违背了自然规律的发展方式，破坏了人与自然的和谐共生。通过对历史的反思，作者其实是在传递这样的道理：在当代社会建设中，要兼顾生态环境保护和社会建设发展，要从历史中不断汲取教训，珍惜自然资源、走绿色发展之路才是时代行稳致远的关键所在。

自然界中，人的作用是不可低估的。人创造了历史，也在一定程度上改变着自然。人在特定的自然环境中得到锤炼，还形成独有的精神和价值观,这是动植物所无法比拟的。在《看得见的东北》一书中,李青松用大量篇幅描绘了人在自然环境中顽强生存、积极创造的精神风貌。无论是林区的伐木工人,还是湿地的渔民,他们都在与自然的互动中,形成了独特的价值观。在描写林区工人时,作者认为尽管伐木工作充满艰辛,但他们深知森林对于国家建设的重要性,字里行间展现出人与森林深厚的感情。

同时,李青松也关注到在生态保护理念深入人心的当下,人们积极参与生态建设的故事。许多曾经的伐木工人转型成为护林员,他们用自己的实际行动守护着家乡的绿水青山;湿地周边的居民自发组织起来,参与湿地保护工作,为候鸟提供安全的栖息环境。这些故事是人与自然和谐共生的具体实践。从生态文学创作选题层面讲,把生态建设的"转型"故事写好,把"转型"后的新气象、新作为传开来,目前是最恰当的时间窗口。为生态文明建设加油鼓劲,体现出生态文学的作为和担当。

生态文学写作,不是简单地喊口号、写标语,而是要体现出应有的文学性。在《看得见的东北》一书中,李青松的文学语言优雅、富有诗意,他不仅如同自然的"侦探",由表及里描写自然万物的细节,还在不动声色中表达深沉的自然之爱。如书中写道:"河流像大地的血脉,在东北的胸膛里奔腾不息,滋养着这片土地上的万物生灵。"

在生态文明建设大力推进的当下,生态文学蓬勃发展。《看得见的东北》有力地拓展了文学创作的广度,该书集自然之美、历史之厚、人文之暖于一体,为生态文学创作提供了范式。通读全书,笔者有两方面的感受。其一，生态文学创作绝非"独角戏"，必须融入时代洪流。当下，部分作家或其作品虽打着生态文学的名号，却单纯从"小我"出发，仅凭个人的直觉写一些花花草草。实际上，这是个人小情绪的抒发，与真正的自然存在差距。生态文学创作固然可从一株草、一朵花起笔，然而绝不能局限于此。创作者须拥有广阔视野，眼中有森林、山河，心中有家国，这才是生态文学创作应有的格局与胸怀。其二，生态文学创作应彰显人与自然和谐共生的内涵。创作者须亲身走进自然现场，直面现实生活中的生态环境问题，以文学的方式予以回应。同时，深入挖掘不同地域、民族的生态文化传统，并将其巧妙融入创作。比如，中国传统文化中"天人合一"的思想，至今仍蕴含着无穷的文学书写空间，亟待进一步探索。

探寻神秘的可燃冰

自然资源是人类赖以生存的根本保证。伴随着经济社会的不断发展，对于自然资源的需求越来越多。与此同时，石油、天然气、煤炭等传统的自然资源的储量将不可逆转地减少。面对这样的现实，科技工作者必须积极探寻新的能源。其中，可燃冰的勘探和开发备受关注。近年来，中国科技工作者与时间赛跑，不断探索可燃冰的奥妙，并于2017年5月18日在中国南海的神狐海域成功试采，这是我国自然资源事业史的一个转折点。为了研究和将来进一步开采可燃冰，中国科技工作者花费了二十多年的时间，其中付出的艰辛和努力，常人难以想象。近期出版的长篇报告文学《燃烧的冰：我国首次海域可燃冰试采成功纪实》（以下简称《燃烧的冰》）（金城出版社2020年版），全景式地呈现了可燃冰开采台前幕后的感人故事。

该书的两位作者，均在自然资源领域有着丰富的工作经历，第一作者陈国栋现为中国自然资源作家协会主席，长期在自然文学的大地上深耕细作，曾出版《生命在大地上闪光》《大地情·中国梦》等作品。另一位作者王晶是一位"80后"，近年来有多篇文学作品见诸各类报刊。两位作者在报告文学的创作中，把握新时代科技发展的脉搏，围绕自然资源领域的创新创造，用心、用情、用力讲述人与自然和谐共生的故事。

在普通人眼里，可燃冰是神秘莫测的。这种新能源学名叫天然气水合物，它是甲烷和水在低温高压的条件下，形成的笼状结晶化合物，一般分布在大陆永久冻土、海洋中。可燃冰具有燃烧值高、燃烧产物清洁无污染、能量密度高、资源潜力巨大等特点。据估算，可燃冰的储量相当于全球已知煤、石油和天然气总储量的两倍，被誉为21世纪最具替代石油、煤等传统能源潜力的新型能源。

为了讲好可燃冰研究与开发的故事，两位作者用3年的时间，从南到北采访了150多人，阅读各种文献累计2000多万字。尤其值得一提的是，两位作者于2017年，还专门奔赴茫茫大海上的可燃冰试采平台现场，进行扎实采访，亲身感受科技工作者爱国奉献的风采。

《燃烧的冰》全书共31万多字，作者以严谨求真的科学态度、生动鲜活的文学笔法、富有脉脉温情的笔墨，为我国首次成功试采可燃冰进行长卷式"素描"。这部报告文学作品共13章，对于国际国内能源使用现状、可燃冰的科学样貌、我国研究可燃冰的艰辛历程、可燃冰研究过程中的人物故事、可燃冰试采中技术创新及过程、可燃冰的现实意义和长远价值等，进行诚挚的文学表达。

科技以人为本，人也是科技的主体。可燃冰科技攻关涉及诸多不同的机构和广大科技工作者，其中重要的研究机构就有28个，直接涉及的人物有130位。该书作者在作品中对涉及的机构和人物并未平铺直叙，而是重点展现了其中的25个人物。同时，对于可燃冰开采过程中涉及的平凡人物，也进行了不同程度的刻画，彰显了文学作品中特有的温情与关怀。人，是这部作品的魂魄所在。比如展现专家叶建良带领技术团队，在"忠诚、创新、合作、奉献"的团队精神激励下，在邱海峻、梁金强、谢文卫及"钢铁团队"所有成员的拼搏下，使中国的可燃冰开采技术由跟跑到并跑直到领先世界水平。书中提及的很多科技工作者，都是心怀家国、苦干实干的人，他们没有豪言壮语，经年累月默默地为了新能源事业无私地奉献。

对于报告文学而言，塑造人物和展示事件进程，两者同等重要。一方面，成功的人物塑造需要以事件为依托，而事件的进程离不开人物心理与行为叙述。尤其是科技题材的报告文学写作，经常会被事件的进程牵着走，而人物的塑造显得不够真实和具体。另一方面，报告文学作品的人物和事件，都是真实的人、真实的事件，这种非虚构的写作较之虚构的小说创作而言，尤其考验写作者对事件过程的认识深度和人物塑造中文学表现技法的拿捏。这部报告文学作品在叙述可燃冰研究与开采的故事时，极为讲究人物的塑造技巧，做到了新闻真实性和文学艺术性的统一。

陈国栋在该书后记中谈到，可燃冰的研究与开发，是一个值得深入挖掘的文学题材，它既与国家经济社会发展，与每个家庭的日常生活有关系，又与自然环境、人类未来命运休戚相关。这部报告文学作品，及时、准确地抓住了国家经济发展与人民生活息息相关的重大题材，将普通人不熟悉、然而事关每个人日常生活和国家民族前途命运的领域，用文学的方式进行表达，发挥了报告文学表现时代生活、挖掘时代精神的作用。

创新是引领发展的第一动力，科技是战胜困难的有力武器。近年来我国经济社会发展取得的一系列成就，一再证明了科技创新的关键性、基础性价值。可燃冰的研究与开采，关乎我国乃至世界新能源发展方向，与人类命运和未来紧密相关。笔者认为，作为有责任、有担当的写作者，在科技强国战略下，文学写作要更多地关注尖端的科学创新题材，在写作中要平衡好技术、故事、人物和审美之间的关系，这也考验写作者的学识、眼界和格局。《燃烧的冰》的书名富有双重意蕴，一是可燃冰作为新能源能够燃烧和利用，二是写作者燃烧的文学激情。无论从哪个角度看，这部报告文学作品都是我国科技与自然题材文学书写的重要收获。

生态文学品鉴

人与自然和谐共生的文学再现

伴随着生态文明建设的大力推进，围绕"人与自然和谐共生"这一主题的文学书写，当前呈燎原之势，相关文学佳作层出不穷。针对生态环境和自然资源进行文学叙事，在主题、内容和文体方面，有多种路径选择。《人民文学》杂志2022年第8期，头题发表3万多字的报告文学《地球印记》（中国大地出版社2022年版），作品以温情的笔墨，讲述了我国建设地质公园的历程、专家学者的付出以及地质公园在美丽中国建设中的价值意蕴。作为有广泛影响力的文学刊物，《人民文学》刊发自然生态主题作品，充分表明新时代自然文学的创作，受到各方面的重视。从某种程度上讲，这会激发更多人投入自然生态文学的创作之中。

《地球印记》的作者陈国栋，现为中国自然资源作家协会主席，他不仅有着在自然资源系统长期从事科研工作的经历，这些年来还行走在山河之间，发表了一系列自然生态主题的报告文学力作。《地球印记》具有现场感、代入感和沉浸感等特点，将与地质公园相关的诸多故事娓娓道来。行文中，"我"的采访贯穿始终，"我"的情绪起伏和波动，无形之中将叙事向前推进。对于地质公园的故事讲述，作者并没有泛泛而谈，而是依托克什克腾、阿尔山、泰山三个世界地质公园，在观察和行走中进行重点呈现。

地质公园是一种"大地景观"，是大自然赋予人类的厚礼。为地质公园专门进行文学"画像"，《地球印记》还是第一次。作品开篇写道："人类把亿万年来地球演化过程中留存下来的珍贵的、不可再生的遗迹作为一种特殊类型的资源，以建立诸如自然保护区、地质遗迹保护区、地质公园、湿地公园、国家公园等方式，将其加以保护利用，这是敬畏自然、尊重自然、相信自然，建设美丽地球家园的明智选择。"这一段话简短有力地表明了以地质公园为代表的"大地景观"在生态文明建设中的深远寓意。作品在接下来的行文，基本也是在个人认知框架下进行。

《地球印记》作为一部具有地学底色的报告文学作品，必须对地质公园进行整体"素描"，这有助于我们从感性上对其有一个形象的了解。简单地讲，地质公园是在地质遗迹和地质景观的基础上建立起来的一种自然公园，这是实现绿色发展的重要途径。截至2024年4月，我国目前有47个世界地质公园，277个国家地质公园，400个省级地质公园，地质公园"犹如一片片绿叶、一朵朵繁花，点缀着美丽的山河大地"。从地学专业的维度看，不同地质公园的地质地貌各有千秋，但无论通过哪个地质公园，都可以探访地球演化的奥秘。地质公园如同一把时光之匙，能破解世间万物从哪里来、到哪里去的谜题。从社会的维度看，建设地质公园是在不改变资源的位置和属性的前提下，保护好自然资源，通过发展旅游带动经济发展。归根到底，建设地质公园，是在生动践行"绿水青山就是金山银山"

的理念。

　　光鲜与精彩的背后，往往是艰辛和曲折。地质公园的规划和建设与其他事业一样，需要有人默默付出。在《地球印记》中，作者对专家学者这一群体进行了刻画。在内蒙古克什克腾世界地质公园建设过程中，田明中教授20年来过40次，他对当地的人们，以及山山水水、一草一木都产生了深厚的感情，任何一处地质遗迹，他都如数家珍。人们亲切地喊他"田大叔"。为了规划大兴安岭丛林中的阿尔山世界地质公园，学者们深入丛林进行野外勘察，很多困难迎面而遇。如遇到湍急而冰冷的河水，必须卷起裤腿蹚过去；饿了渴了，只能啃一块坚硬的面包，喝一口冰冷的水；为了避免蜱虫侵袭，必须小心谨慎做好防护；为了在丛林中不迷失方向，必须跟着定位导航向前跋涉。其中，一名年轻的女专家，在野外测量时不慎落水，但她首先想到的是保护好数据记录资料和测量装备……感谢《地球印记》把这些故事"抖"出来，让我们重新认识平凡的、可敬的、可亲的知识分子们。其实，全国类似这样的学者群体还有很多，他们心怀家国、情系自然，真正在把论文写在祖国的大地上，彰显了崇高的胸怀和品格。

　　《地球印记》告诉我们，当人类友好地保护自然时，自然的回报是慷慨的；当人类粗暴掠夺自然时，自然的惩罚也是无情的。我们要深怀对自然的敬畏之心，尊重自然、顺应自然、保护自然，构建人与自然和谐共生的地球家园。当前和今后相当长一段时期，人类生活环境公园化，是生态文明建设的发展趋势，也是美丽中国建设的重要目标。

这部以地质公园为"主角"的报告文学，拓展了报告文学写作的主题空间，提升了自然生态文学的内涵与厚度。通读作品，给笔者带来三点启示：一是报告文学要为时代立传。我们处于百年未有之大变局之中，时代、社会和人民关注的焦点，也应该是报告文学关注的焦点，从地质公园到国家公园，都是生态文明建设中的重要议题，把大地故事书写好，把内在的精神展示好，是时代赋予报告文学的重任。二是自然生态文学要"开疆拓土"。虽然自然生态文学写作当前备受各方关注，但同时也要冷静地看到，讲述大地故事和自然故事，不能仅仅停留在对一座山脉、一条河流、一片森林的粗浅呈现，而要在美丽中国建设的宏阔视野下，发掘和开拓自然生态写作的新题材与新方向，如对地质公园文学"画像"，就是一种新探索。《地球印记》只是起笔，这个题材的写作需要不断丰富和深入。三是讲好人与自然和谐共生的生动故事。无论是通过报告文学、小说还是散文，讲述人与自然的故事都有无限的可能性，人与自然的文学书写不能厚此薄彼，要两者兼顾，既要呈现人在保护自然、保护绿色中的作为和智慧，也要把五彩缤纷的大自然写得丰满充盈，让自然真正"动"起来，赋予灵秀之美。唯有如此，人与自然和谐共生的文学故事才会生动走心，不断地感染人、影响人。

地质工作的
文学素描

地质工作是经济社会建设的基础，同时也能发掘巨大的资源宝藏。地质工作十分重要，长期以来受到格外的重视。多年前，老作家徐迟写的短篇报告文学《地质之光》，讲述了地质学家李四光先生专业报国的故事，这篇作品对于人们了解地质、认识地质工作产生了深远的影响。同时我们也要看到，地质工作具有较强的专业性，若不具备专门的地质知识或者没有从事过地质实际工作，要想轻轻松松地写出地质主题的文学作品，绝非易事。也许正是由于地质科技的强专业性，很多人想写地质主题的作品，只能望而却步。刊发于《中国作家》2021年第7期的中篇报告文学作品《红土地上的地质人》，读来让人眼前一亮，作品融专业性和文学性于一体，是近年来地质主题方面难得的优秀之作。

这部报告文学的作者陈国栋，现任中国自然资源作家协会主席，多年来在地质报告文学的道路上深耕细作，推出了《燃烧的冰：我国首次海域可燃冰试采成功纪实》等一系列脍炙人口的好作品。他有多年的地质一线工作经历，在地质科研部门和地质专业媒体做过负责人，多年来在地质和文学的两端游走，使得他对于地质主题的文学创作格外敏感，也格外"挑剔"。2021年是中国共产党成立100周年，早在3月份，陈国栋就开始谋划新作。他来到江西赣南，进行深入细致的采访，查阅历史文献，完成了三万多字的报告文学作品《红土地上的地质人》。

在这部作品中，陈国栋以扎实的史料、可靠的数据、质朴的文字，对赣南地质工作的昨天和今天进行了生动的"画像"。我们都知道赣南不仅是中国红色政权的诞生地，也是中国工农红军长征的出发地。但是鲜为人知的是：赣南因有丰富的钨矿资源而被誉为"世界钨都"；新类型稀土矿的发现、勘探和成矿理论成果，在国内外是首创，奠定了中国稀土产业在世界领域的龙头地位。

对于赣南的红色地质开采，笔者是颇有兴趣的。这也是这部报告文学作品的亮点之一。在赣南，铁山垅钨矿是有名的矿藏。矿藏资源对于红色政权的发展、红军的生存和壮大，具有重要意义，毕竟优质的矿藏资源就是财富的代名词。1931年，红军正式组织开采钨矿，并设立了"公营铁山垅钨矿"，随后成立了中华钨矿公司。这是中华苏维埃共和国临时中央政府成立的第一个公营企业，3500名矿工先后在此从事开采，毛泽民任公司第二任总经理。1931—1934年，铁山垅钨矿共生产钨砂7830吨，收入达620万块银圆，占当时苏区财政收入的70%，成为新生红色政权的重要财源，铁山垅钨矿也因此成为红色中国的第一矿。红军长征时，中华钨矿公司铁山垅矿区有157名矿工加入了红军和游击队，仁凤山矿区有500多名矿工加入了革命队伍。

那个年代勘探与开采矿藏，没有先进的技术，现在无法想象当时的红军和矿工们,克服了多少困难,但是他们凭着干劲和智慧,硬是在红色中国历史上,为地质工作留下了精彩之笔。这其中的人和事,与我们的这个时代已经渐行渐远,但是应该铭记,这是中国地质工作的荣光。在这部报告文学作品中,作者专门讲述了矿工谢宝金的传奇经历。谢宝金身高近1.9米,力气大,平时能挑起200斤的担子。中央红军长征时,他加入队伍,并负责护送红军唯一的手摇发电机。这台发电机,如同党中央的"耳朵"和"眼睛",是红军和外界联系的重要器材。从赣南到陕北,两万五千里的漫漫征程,他和战友历尽千辛万苦,硬是把这台68公斤重的发电机送到延安。

新中国成立后,赣南矿产资源的勘探与开发还在继续。这部报告文学作品,详细讲述了在赣南会昌县的周田找到大型岩盐矿的故事。赣南不仅是一片红色热土,也是矿藏云集的宝地,这里的地质工作者不仅在矿藏开发中斗志昂然,还积极与全国有关科研单位联合开展地质科研工作。1988年,《江西省新类型重稀土矿发现勘探及成矿理论研究》获得国家科学技术进步奖一等奖,即便是在今天,这都是足以令人骄傲和自豪的成就。如今在赣南的红土地上,已经发现了103种矿产,探明的石英脉型黑钨矿储量占全国总储量的70%,这里是"世界钨都"和"稀土王国"。

如今的地质工作,伴随着时代的发展,其工作职能在发生转变,地质工作绝非单纯的地质勘探与开采。在地质灾害治理、生态环境修复、美丽中国建设等诸多方面,地质人已经担当起大任。赣南的地质人,将资源开发与生态环境建设、乡村振兴等统筹推进,现在的赣南红色大地,正在走一条绿色发展之路。

在广袤的土地上，无论是昨天还是今天，有关地质的故事太多太多，陈国栋在地质主题的报告文学书写中，以赣南大地为切入点，具有典型性和代表性。总体而言，笔者阅读《红土地上的地质人》，从报告文学写作的角度而言，有三方面的启示：首先是红色基因与科技工作的文学表达，有着很大的挖掘空间，而这正是当前报告文学书写中的短板；其次是科技题材的报告文学书写，不能大而化之，更不能泛泛而谈，要立足一个点，以点带面，如何选好这个点，则考验作家的眼力和笔力；最后是科技题材的报告文学书写，其落脚点还是要塑造具体的人，通过人的故事呈现科技工作者的爱国情怀、时代担当和奉献精神。归根到底，把人的故事写好了、写活了，报告文学就有持久的生命力。

自然资源情怀的多维表达

在我国自然资源传媒文化界,有一批传媒人、学者和作家,孜孜不倦地奉献各自的才华,为开拓自然资源文化建设的新境界,默默地奉献着。这个群体中,赵腊平的表现相当亮眼,270万字之巨的《赵腊平笔耕集》(共8册,中国大地出版社2022年版)就是有力的证明。赵腊平是传媒人、学者、作家,长期从事自然新闻实践、资源理论研究和自然文学创作。他不仅是自然资源事业的参与者,也是自然传播、自然文化建设和自然文学的贡献者。一个人在一段时间内,能全心全意地参与一个行业的建设,这不仅是人生的荣幸,也是引以为傲的精神资本。

自然资源的时代记录

厚厚的《赵腊平笔耕集》,分为《新闻探索卷》(2册)、《矿业思考卷》(2册)、《文学作品卷》(3册)、《夜读拾零卷》。文集涵盖了自然资源传播、自然资源理论与实践研究、自然文学创作三大板块,有"三驾马车"并驾齐驱的豪情和气势。

赵腊平的职业是传媒工作者,做好新闻传播是本分。他非常清楚自己的职业定位,在多年的自然资源传播工作中,用心、用情、用力,作为一家媒体的主要负责人,其实很多新闻采写任务他本可以委派给同事,但他仍然坚持亲力亲为,深入基层单位,到自然资源工作者中间去。正是这样,他才采写出一批有内涵、有温度、接地气的新闻佳作。

在《新闻探索卷》(2册)中可以看到赵腊平在祖国各地采访奔波的身影,一篇篇的访谈文章、新闻通讯、特写侧记,都显示出一个传媒工作者敬业奉献的品质。如《沉默的芝麻已开门》《从荒山到生态家园的变奏曲》《变"两张皮"为"一股绳"》《废弃矿坑里"长"出的豪华酒店》《钱塘江为地质而歌》等通讯作品,紧扣自然资源行业的时代脉搏,以点带面书写行业领域的新作为和新气象。

此外,该卷还收录了赵腊平关于自然资源新闻采写编评的多篇理论文章,对于行业新闻的创新性采写、创新性传播等,他发表真知灼见。如从《关于矿业深度报道的若干思考》《新媒体时代行业报如何做大做强》《浅谈如何重塑矿业形象》等,都可以看出他对自然资源传播现状和未来进行的孜孜不倦的求索。

笔者在阅读中深刻地感受到:赵腊平将传媒实践和理论研究紧密结合,并且笔耕不止,这是一种工作态度,更是一种人生情怀。其实,从事任何工作都应该这样,坚持实践和理论两条腿走路,才能行稳致远。

自然资源的深度观察

多年来,赵腊平不仅活跃在自然资源传媒战线,还关注自然资源发展的现状及未来走势，显示出一名学者型传媒人应有的格局和担当。在《矿业思考卷》（2册）中，他主要对矿产资源形势与应对、地缘政治与资源利益、矿业文化与矿业文明、地勘行业发展与改革、绿色矿山与生态修复等理论与实践问题，进行系统的阐释和剖析，每篇文章可谓掷地有声，都有经过深思熟虑后的见解。

通常行业理论问题应该是学者和专家操心之事，而赵腊平从传媒人的维度献言献策，自觉地融入自然资源事业波澜壮阔的征程中。他站在时代的制高点，从行业发展整体之维度，分析矿业面临的机遇和挑战，如理论文章《资源能源安全是国家安全的重要内容》《矿业依然是推动现代文明的基础产业》《我国实现现代化需要多少矿产资源》《中国企业全球配资资源要过三道关》等，其中的真知灼见助推矿业发展。

《矿业思考卷》（2册）中收录的万字理论长文《关于建设现代矿业文明的初步思考》，读后令人视野开阔。在自然资源家族中，矿产资源的地位尤其重要，这是基本常识。而对于矿业文明的系统研究，一直是学界的短板。该文认为，建设现代矿业文明，是摒弃工业文明副作用的必由之路，是矿业可持续发展的内在要求，是生态文明建设的时代命题。如何建设现代矿业文明？赵腊平进而指出，加强地学研究和科技创新，提高解决资源、环境、灾害等重大科学问题的能力；转变发展方式，坚持节约优先、保护优先、自然恢复为主的方针；加快建立资源节约型、环境友好型社会；处理好经济建设、人口增长与资源利用、生态环境保护的关系。

现在有些人片面地认为，矿业是"夕阳"产业，对生态环境有影响,矿山能关尽关。这种"一刀切"的认知,在现实中有些"响应"。摆在面前的现实是:矿业依然是经济社会发展的重要引擎,矿业开采中固然涉及环境保护的难题,但如果树立绿色矿业的理念,进行科学开采,这个难题可能迎刃而解。大力发展和利用清洁的新能源是时代趋势,但就目前的情况看,科技创新水平还不能满足新能源的"满格"使用,传统能源和新能源交替利用,仍是一个漫长的过程。

自然资源的文学表达

在《文学作品卷》(3册)和《夜读拾零卷》中,赵腊平表现出温情和细腻的一面,他用文学表达资源之爱、自然之美和诗歌之妙。说实在的,一个人能出色地完成本职工作,然后有能力做点与工作相关的理论研究,就很不简单了。而他却给自己"加码",围绕自然资源主题长期进行文学创作,这需要定力、才情和热爱。

报告文学横跨新闻和文学两大门类,是呈现时代和社会风貌最有力的文体。赵腊平深知报告文学的社会能量,他努力创作了一批高质量的报告文学作品,如《钱塘江畔的豪情跨越》《巍巍青山作证》《熏风吹醉地勘情》《无怨无悔的追求》《破译雪域宝藏密码》等,浓墨重彩地书写自然资源行业和单位在时代进程中的精彩转身。这些作品,如同劲风吹遍山河大地,对于凝聚广大自然资源工作者干事创业的动力,起到了促进作用。

阅读赵腊平的报告文学作品,笔者有以下三点感受:一是思想站位高,虽然这些作品均聚焦具体的自然资源集体和个人展开叙事,但是从整个自然资源事业的角度看,具有典型意义和启示价值;二是尽量用数据说话,用质朴、准确的语言客观描述;三是作品采访和调查扎实,为了写出令人信服的作品,他实地感受一线从业者的工作现状,倾听他们的生活诉求。这为创作有温度的报告文学奠定了基础。

从一篇篇的散文、随笔、诗歌和文史读书笔记中,我们可以清晰地看出赵腊平的文学追求和心路历程。他书写大自然的壮美,记录家乡的人文风俗,感悟拼搏奋斗的真谛。在文学语言表达方面,他舍弃了华丽的辞藻,也没有刻意地用起承转合的方式构建惊心动魄的故事,一切如同汩汩泉水在山间流淌。这样的文学风格,其实遵循了中国传统的道法自然和大道至简的原则,或许是和大地、自然、矿产长期打交道的原因,他的文学作品显得厚重、质朴,如同山脉向远方延展。对自然风物的观察和叙述,他细致入微,同时情真意切。如《小公园大乾坤》《武冈三塔》《"江南第一山"莫干山印象》《走马阿斯哈图石林》《庐山纪行》《海南纪行》等散文和诗歌,都彰显出他对自然的深沉之爱。

总体上讲,《赵腊平笔耕集》的读后启迪是多方面的,在270万字的篇幅里,可以看出一位知识分子对家国、自然资源的情怀。这些年围绕自然资源进行媒体传播、理论研究和自然文学创作,赵腊平付出了极大的努力。他以笔为犁,深耕自然资源领域的每一寸思想沃土。他的才干、智慧和精神境界,融于文集的一篇篇文章、一行行文字中,聚合起来就是耀眼的星光。当前,在人与自然和谐共生价值理念的引领下,中国自然资源事业面临新的发展机遇,美丽中国建设成为新路向。他的自然资源多维书写，也必然跟上新时代的步伐一路向前。

自然文学的乡土叙事与深度拓展

近年来,伴随着全社会对自然的高度关注,自然文学(也称生态文学)写作如火如荼。但同时我们也要冷静地看到,有些自然文学作品,仅仅停留在对自然"描画"的层面,这显然是不够的。把自然与人的互动关系呈现出来、不断反思人在自然中的作为,这不应该被忽略。云南作家叶浅韵的散文集《生生之门》(北京十月文艺出版社2021年版),以女性的独有视角聚焦乡土叙事,把自然、乡土、生命、人的遭遇编织在一起。此书对于如何重新发现自然文学之魅,带来启发和思考。

今年四十出头的叶浅韵,潜心自然文学写作已经多年,受到文坛内外的广泛关注,她是中国作家协会成员,中国自然资源作家协会主席团成员,曾获冰心散文奖、十月文学奖、中国散文年会年度奖项一等奖、徐霞客诗歌散文奖等。除了该书之外,还出版过四部散文集。云南高原独有的自然环境、文化民俗和山乡风貌,成为她从事自然文学写作的丰富养料和精神背景。

散文集《生生之门》以"生"为起点,由六篇散文组成:《生生之门》《生生之木》《生生之火》《生生之土》《生生之金》《生生之水》。这些散文均是作者以童年生活过的一个普通村落——四平村为原点进行叙事。每篇散文虽单独成文，而文中的自然、人物和故事相互连接、互为支撑、不可分割。书中，作者围绕四平村的环境变迁和生活之变，展示出对乡土风物的眷恋、对乡民生命与生存状态的冷静观察、对乡土自然世界的深沉之爱。该书的自然文学视野开阔，散文的形与神浑然一体，笔力既有女性的柔美与细腻之美，也有难得的刚劲和雄健。

在该书的开篇散文《生生之门》中，作者回忆了童年时代乡村女性的生育往事，最后故事场景切换到当下，讲述生活在城市里的女性，其生育观念的多样化。生育的话题，是自然世界和人类最为严肃的话题，这关乎生命的繁衍，是自然的"母题"，也是自然文学无法绕开的关键内容，可惜在很多自然文学作品中，这个话题一直都被轻描淡写。该书作者不但关注到了，还洋洋洒洒写出来。一方面，作为母亲，她对生育的全过程有刻骨铭心的体验；另一方面，作为女性作家，她敏锐地意识到这个话题在自然文学中的分量和价值。文中讲述：在30多年前的四平村，人们的生育观念是保守的，重男轻女的意识客观存在；而今这种观念变化了——若家里生了闺女，全家都高兴至极，奔走相告。女性在人类生存繁衍中的地位不言而喻。作者对于生儿养女的女性们，报以尊崇之心和深情大爱，文中写道："我所能看见的几代人的生育史，就是一部血泪史，只有女人才能深知其中的痛苦。"笔者读这篇散文感慨不已，不禁联想到自然界的动物，生养后代何尝又不如此？

在《生生之木》一文中，作者主要对自然界的草木进行文学表达，彰显出她对自然独有的厚爱。文章以小时候农村老屋中的柱子开篇，然后写木头在农村生活中的用途和地位，继而描写农村可以食用的植物、参天的大树以及人和树木之间的动人传说。总之，农村生活中住的、吃的、用的，都和树木密不可分。在村民的日常生活中，树木从未缺席。村民对于树木的感情，深深渗透于血脉之中。这种自然之情，还体现在人的名字中。文中写道："他们的名字中含有一个家族对后世子孙的殷殷希望，更是一种择木而居、与木为邻的深深感恩心和平常心。"有的人取名，直接就叫木盆、木果、木瓜。还有的树，也寄托着人们对美好的向往，被称为母子树、夫妻树、求学树等。不仅如此，村民还对树木无比信任，甘愿把树木当成亲人。作者的小姨之子，幼年时晚上哭闹而醒，于是拜一棵又高又粗又大的柏树为干妈。对于人与树木的关系，文中形象且诗意地写道："人类被木头归顺过的生活里，一直携带着树木森森的香气，让我在某一个时刻，深刻地想成为一块会害羞的木头。"

土地是自然文学中不可回避的主题，哪怕是贫瘠的土地，也有资格被人尊敬。《生生之土》一文中，作者以山乡耕种为切入点，在一个个细微的故事中，不露声色地歌颂滋养生命的土地。一个人若没有在农村生活的经历，很难想象农民对土地的感情。土地是农民的根，是生存的避难所，是一切希望的所在。土地也总是和勤劳为邻，土地赋予农民生存的基础，农民也呵护无言的土地。作者写道："随着年岁的增加，我越来越喜欢亲近泥土……世界上的事物，唯有土地，最值得人类守护。"

水是自然界中最重要的资源，没有水，生存显然是无望的。在

《生生之水》一文中，作者回忆童年时代山乡冬季缺水、挑水、储水、找水的难忘经历。叙述中给人留下印象深刻的是一个叫"大洞"的地方，它是村民重要的饮用水源，作者小时候不敢一人独自取水，莫名地害怕，内心复杂。可这并不重要，因为"大洞"里清洌的水，是人们生活的依赖。对于水，作者没有进行宏阔叙事，而是在饮水这件普通的事情上，尽情着墨，其抒情也保持足够的克制，这是对水深入骨髓的情愫。

自然世界里，火是很特别的存在，人类文明的进程，也是利用火的过程。《生生之火》一文在故事叙述中呈现了村民对火的态度。火能毁灭自然与生活，也能带来温暖。如文中所讲，作者的老家曾经失火，家里多年的积累灰飞烟灭，日子支离破碎。可只要自然依然富有生机，生活恢复如初就成为可能。村民畏惧火，也离不开火，火能让新鲜的食蔬变成美味，晚上的灯火让一家人其乐融融。"没有电的年代，在煤油灯下，母亲纳鞋底、纺麻线、剁猪菜、张罗一家人的生活"。相比自然万物而言，人类充满无尽的烦恼和坎坷。

在《生生之金》一文中，作者以金钱为主线，讲述自己、家人、亲戚之间的故事，回想自己年少的贫寒，为了省钱，作者放弃了上高中考大学的理想，选择了中专，后来虽然有了"铁饭碗"，但是买房、亲人生病等，都需要钱……钱能让人挺直腰杆，也能让人失落狼狈。文中，作者的金钱之难，可谓字字泣血，令人心情沉重。我们都是凡夫俗子，生命中不免有时为钱而累，可是自然界的草木洒脱得多，只要有适宜的生存环境，它们就会不屈地生长。

通读散文集《生生之门》，笔者最深刻的感受就是"生"，即生命、生存、生活,而这些都与生生不息的自然紧密相连,全书在娓娓道来的乡土叙事中,于无形和有形之中呈现人与自然的交融和交会,该书作者无意对自然用华丽的文字进行廉价讴歌,而是把自然植入日日夜夜的生活,自然就是生活,生活就是自然。无论从哪个角度看,该书拓展了自然文学写作的空间和深度,把当前的自然文学写作提升到一个新的境界和高度。

生态情怀与智慧的文学演绎

这些年来,为了展示文学创作的整体风貌和水平,不同文学组织和出版机构,将小说、散文、诗歌、杂文等,分门别类地汇编成各种文学年度选本,已经成为一道壮观的文学风景。而将某一主题类型的文学作品作为年度选本出版,还不多见。《中国2021生态文学年选》(百花文艺出版社2022年版)一书,聚焦生态文学,为文学年度选本的出版,开创了一个全新的范式。

《中国2021生态文学年选》这本书作为国内第一部生态文学年度选本,对于文学创作的深度拓展和向更专业化的路向延伸,具有现实意义。该书主编李青松是生态文学领域的领军人物,长期从事生态文学研究与创作,成果丰硕。他的生态文学代表作《相信自然》《穿山甲》《万物笔记》等一系列作品,在文坛影响深远。他受出版社委托选编这一选本,不负众望。然而,在该书前言《生态文学的立场》中,他坦言这不仅是一种荣耀,也是压力和责任。

为什么说这是一种责任?这可不是什么客套话。试想:一年中,报纸、期刊发表成千上万篇与生态相关的文学作品,如何进行大浪淘沙,这对于选编者而言,是学识、学养和审美的全方位考验。即便眼光再老辣的选编者,也不敢言可以把最出色的生态文学作品"一网打尽",李青松也是如此。《中国2021生态文学年选》在作品选编标准上,主要突出思想性、文学性和生态特色,旨在为过去一年的生态文学作品进行整体"画像"。说实话,这不是一个简单的事儿。

《中国2021生态文学年选》由45篇文章组成,书中既收录了理由、梁衡、刘醒龙、张炜、施战军、徐可、李朝全、杨晓升、刘汉俊、陆梅、葛水平、刘慧娟、周建新等名家之作,也收录了辛茜、王樵夫、刘惠春、贾志红、杨枥等生态文学领域异常活跃的作家的佳作。从书中收录之文,人们可以"从中感受自然万物的变化,感受四季的变化,感受人性的温暖,感受爱的传奇,感受人与自然之间不同以往的一种新的关系"。生态文学虽说不能改变生态现状,但可以改变人的思维和观念,这正是生态文学的价值和意义所在。

笔者认为,此书整体上呈现三个特色。首先是作品具有文学价值,这是前提和基础,并且能让人读后有启迪,经得起时间之河的考验。值得注意的是,当前有的生态文学作品蜻蜓点水、浮光掠影,生态口号喊得响,而对自然的书写缺乏深度。其次是作品有强烈的生态关怀,这也是该书的应有之义。生态文学不是新闻报道,而是作家情绪情感的流露和表达。山川、江河、湖泊、森林、田野、草原、沙漠、矿藏、飞禽走兽等组成了广袤的自然界,不同作家,从宏观、中观、微观等层面,进行多维的书写。最后是作品具有时代性,书中所有作品,对生态自然的书写和反思,都与我们生活的时代紧密联系,关注现实世界中自然与人的交融和交汇,没有对自然轻浮地指指点点。

生态文明建设是我国社会治理的重中之重，关乎人与自然和谐共生。在这样的时代潮流中，催生了生态文学的创作与研究。尤其是近年，生态文学受到了空前重视，很多著名作家和学者加入生态文学创作的队伍中，这助推了生态文学的快速发展。生态文学和生态世界同向而行，你中有我、我中有你。然而生态文学的内涵远不止于对生态世界的线性叙事，其文学寓意更为深远，用语言文字的方式探究人类、自然和未来的内部机理和外在关联。这也表明，生态文学在提法上虽然有专业性、领域性的特征，但是直指人性，与"文学就是人学"的母题同频共振。当然，这并不是说生态文学的边界和范畴就可以无限延展。或者可以这么讲，一篇文学作品，若仅仅是对于自然万物刻画得细致入微，还不能说它是严格意义上的生态文学作品，因为刻画自然只是生态文学的必备要素而已。

《中国 2021 生态文学年选》中，很多作品读后带来诸多思想滋养。这里删繁就简，对五篇具有代表性的文章进行赏析。书中收录的首篇文章《煤海上有棵勿忘树》，主要讲述了作者对北方一家大型煤炭企业的印象。作者梁衡是多面手，他擅长用鲜活的语言进行生态叙事，其文由表及里、环环相扣，彰显生态写作的深厚功力。众所周知，自然资源开发和利用过程中，粗放型模式必将给环境造成莫大的破坏。而文中讲到的这家企业，资源开采和环境修复并举，在矿区煤海之上，作者写道："汽车飞驰，怎么也跑不出油松、山杏、白杨、柳树和沙柳织成的屏障。"简单的一句话，描绘出矿区和谐的绿色图景，让人印象深刻。长年累月的采煤，必然导致地表下沉。作者在介绍生态修复时，形象地描述："大地变成一件碎布袍，这时需要有针线来缝补,而缝补大地的最好针线就是林和草。"写树木在生态修复中的作用时,具有历史深度与厚度:"树木不但给人提供了物质利用,还承载着人类文明,它是一部有生命的史书,记载着人类活动的每一个细节。"

生态文学的视域中,对大江大河的书写是不可缺位的。书中收录了作家施战军的《大河侧畔的倾听》,大气雄浑。文中,作者先写对古老黄河的观感,接着写河边顽强的白杨,最后回忆童年的草原。优秀的生态文学作品,往往只需几句,就能抓住读者的眼球,还会引发精神共鸣,此文就是如此。作者写黄河边那些被忽略的沙粒,形象到位,入木三分:"黄河的风才是柔柔的,在这柔柔的风的爱抚下,她宽容地拥抱着细细的沙粒,那可是高原无数难以哺育的弃婴,一代又一代的孩子寄养在她的怀里,他们睡着、爬着、走着、跑着,巨大的家族和睦地漂流,不易觉察的波纹中荡漾着默默的天伦之乐。"我们都知道,黄河之于沙粒,可谓爱恨交织。但是文中寥寥几笔,就勾勒出黄河母亲的博大和宽容,体现出温情四溢的生态观。

用文学的笔法呈现人与自然的关系,是生态文学的重要内容。该书中收录的一篇篇优秀之作,都有这种鲜明的印记。比如登山,是人与自然的零距离接触,最能体现作家的生态立场。书中,贾志红的《峰巅之上》和杨枥的《洛河之草链岭》,均出自女性作家之笔。登山在一般人看来是男人的主场,而女性作家文笔下的女人登山,必然百转千回,因为女性的细腻和敏感,注定登山故事别有洞天,从两文的整体感来看,也确实如此。《峰巅之上》是对川西登山的叙述,作者描述登山之难之险后,笔锋一转,对登山途中的风景进行个人化的描写，这也是文章的精彩之处。文章最后的感叹，升华了登山的自然之境："这么多年，我一次次攀登、一遍遍穿越，踩踩脚下的山、望望走过的路，从不敢称自己战胜了大山、征服了自然。神奇的大自然一如既往地神奇着。"

《洛河之草链岭》主要讲述作者杨枥攀登陕西一处海拔两千多米的山峰的故事。她不是专业登山运动员，也无意对攀登技巧进行烦琐的记录，而是写攀登途中的瑰丽风光，正可谓"登顶不是目标，欣赏沿途风景才是重点"。登山途中那些不屈的草木，让作者内心泛起波澜，因为人迹罕至的荒野，草木坚卓顽强生长，不讨好于人，让人敬佩。文中动情地写道："在草链岭，每棵草都应该被赞颂，被铭记，被感恩。它们那么柔弱，却又那么团结。它们密密麻麻，挤挤挨挨，形成厚厚的草甸，给草链岭裹上柔韧的铠甲，防止着水土流失。"

生态文学叙事中，动物不可或缺。书中，李青松的《牦牛与野牦牛》一文，将草原生态与动物繁衍的叙事紧密勾连，对以野牦牛为代表的动物进行"速写"。在作者眼里，食草动物野牦牛，是青藏高原的象征，它们看上去鲁莽彪悍，实则爱心满满，对后代呵护之至。文中写道："野牦牛聚群一定是为了护犊，小牛犊哺乳期常有狼打主意，野牦牛便七八头聚在一起，头朝外，围成一圈，将牛犊护在圈里，用犄角对抗狼的袭击，直到将其赶走。"野牦牛较作为宠物的狗猫们，生命力顽强，在高原苦寒之地生存游刃有余，这一点人类不得不服气。除了写野牦牛，文中还写狼。作者认为，草原上的动植物是一个完整的生态系统，动植物环环相扣，维系着自然界的平衡。作者认为，狼吃羊不是坏事，狼牙有毒，毒能致病也能治病，狼毒能预防羊群各种疾病的发生。"草好的年景，狼不吃羊；草不好的年景，狼才吃羊"。"没有狼就没有健康的羊"。文中的很多观点，具有哲学的思辨性，读来耳目一新。

  概而言之，《中国2021生态文学年选》收录之文可读耐读，生态主题集中、生态情怀强烈、生态智慧也跃然纸上，绝非治愈系的心灵鸡汤。伴随着美丽中国建设的深入推进，生态文学作品的质量和数量，在不久的将来必然会跃升，生态文学注定会成为新时代的标志性文学。该书代表着当前中国生态文学的水准、动向和高度，也是生态文学的新收获和一次集中检阅。该书作为国内第一部生态文学年度选本，对于发展和繁荣生态文学，无疑起到积极的促进作用。

文学与植物携手同行

我们的先祖吟诗作词,乐于以草木为载体表达心绪、传递感情。回看中国文学史,就是一部与植物交融的历史。文学与植物如影随形,从不曾分离。《中国文学植物学》(长江文艺出版社2022年版)一书,在文学的世界里寻找植物,又从植物的视角发掘文学的价值。这本书拓展了中国古代文学研究的宽度和深度,同时为植物历史之研究开辟了蹊径。

文学与植物交融

《中国文学植物学》的作者潘富俊教授是著名的景观植物学家,多年来,他从事文献研究与田野考察,出版了多部著作,在学界享有盛誉。该书是一部运用现代植物学研究中国古典文学的跨界之作。该书作者就如同植物"侦探",破解古今草木之谜。书中的内容几乎囊括了植物与文学这一主题的方方面面,如文学作品中植物名称的辨析与古今演变,植物的文学意境等。此书既有植物学理论的科学支撑,也有古典文学的审美趣味。

中国历代诗词歌赋和章回小说,都涉及对植物的描写。有的以植物启兴，有的以植物取喻，更多的是直接对植物的吟诵。各类文学作品，总与植物为伴。《中国文学植物学》中，对文学中的植物进行考察统计，其结果深深地印证了中国古人对自然的深情厚爱。如《玉台新咏》共有诗词769首，涉及植物的就有362首，植物种类多达113种；《唐诗三百首》中涉及植物的诗有136首，植物种类达81种；《花间集》收录诗词500首，涉及植物的有327首，植物种类84种；《宋诗钞》收录诗词16,033首，涉及植物的有8449首，植物种类达260种；《明诗综》收录诗词10,132首，涉及植物的有5087首，植物种类达334种；《明诗汇》收录诗词27,420首，涉及植物的有15,145首，植物种类达427种。

《周易》《尚书》《诗经》《周礼》《仪礼》《礼记》《春秋左氏传》《春秋公羊传》《春秋穀梁传》《论语》《孝经》《尔雅》《孟子》被称为中国先秦时代的十三经，内容包括史学、经学、艺术、礼俗制度等，是传统教育的必读之书。这些书中，除了《孝经》之外，其他都涉及植物。《尔雅》是解经词典，内容本来就包括《释草》《释木》专篇，解读古籍经典植物名称。这些书中，目前能确切辨别的植物种类达254种，其中，流传最广的《诗经》，涉及的植物种类就多达137种，孔子所言"岁寒，然后知松柏之后凋也"影响甚广。

《诗经》与植物

谈及中国古代文学，不能不提《诗经》。《诗经》记述的植物种类繁多，共有135篇出现植物，约占43.4%，即一般的《诗经》篇章提到或描述植物，其中多数篇章以植物"赋、比、兴"。《诗经》

中出现植物种类最多的诗为《豳风·七月》，一首诗中就提到了 20 种植物。其次是《小雅·南山有台》和《大雅·生民》，各出现 10 种植物。在所有《诗经》提及的植物中，出现次数最多的植物是桑，共有 20 篇，接下来是黍类 17 篇，枣 12 篇，小麦 9 篇，葛藤、芦苇、柏类、葫芦瓜、松、大豆及柞木各 7 篇。这些出现篇数较多的植物，都是春秋时期和古人关系较为密切的植物。其中，黍、麦、稻、粟、大豆、葫芦瓜均为粮食作物及蔬菜，桑、大麻、葛藤等与衣着有关。

《诗经》中的植物，按照用途可以分为食用植物、衣用植物、器用植物以及观赏植物。在食用植物中，两千多年前的食用蔬菜，以采摘的野菜为主，栽培蔬菜极少。如《诗经·谷风》："采葑采菲，无以下体？德音莫违，及尔同死。"葑与菲都是栽培的蔬菜，葑即芜菁，菲即萝卜，萝卜直到现在也是全世界都在食用的蔬菜。栽培的谷类植物主要有小麦、大麦、黍、小米和大豆。其中，出现篇数最多的就是黍，共 17 篇。水稻出现在《诗经》中，表明稻米在周朝已从长江流域引入北方。衣用植物中，周朝的纤维植物主要为三种：葛藤、苎麻、大麻，至于现在我们熟悉的棉花，是在隋唐之后才传入中国的。

《诗经》涉及的植物，以北方植物为主。春秋战国时期人口不多，生活用材多直接取于天然的树木。但是后来人口增加，加上战争频繁，成片的树林在黄河流域逐渐消失。此后对木材的需求，只能依靠人工造林满足。两千多年前，历史文献中关于人工造林还没有明确记载，但是《诗经》中，对人工造林予以提及。《郑风·将仲子》中写道："将仲子兮，无逾我里，无折我树杞。""将仲子兮，无逾我墙，无折我树桑。"通过"将仲子兮，无逾我园，无折我树檀"等诗句，可见那时候的北方，已经有了人工造林。

《楚辞》与植物

《诗经》在中国北方广泛传颂，而屈原的《楚辞》则在中国南方声名远扬。《楚辞》各篇章中，出现植物种类较多的有《离骚》《九歌》《九章》《七谏》《九叹》《九思》等，各篇出现21～32种植物。其中《九歌》等11章中，又以《湘夫人》出现16种、《山鬼》出现12种植物居多。《楚辞》中出现次数最多的植物是白芷和泽兰。白芷自古就是重要药材，全株散发香味，这也是《楚辞》中最喜欢引用的植物之一。

泽兰为有名的香草，可做香料，《楚辞》中共有30句引述泽兰，它也是古代诗词歌赋吟咏最多的植物之一。另一种出现次数较多的植物是薰草（蕙），《楚辞》中共有26句。其他出现次数较多的植物有芎䓖（出现9句）、花椒（出现14句）、肉桂（出现9句）、荷花（出现11句）、菖蒲（出现10句）。这些植物大多为香草或者香木，也可以看出《楚辞》中常以香草香木作为隐喻的对象。香草香木，时常用来比喻人的忠贞和贤良，是友好的植物。

同时，《楚辞》还以恶木恶草数落奸诈小人，这也是《楚辞》中植物的最大特色。其中，蒺藜是最显著、引述最多的恶草之一。这种植物果实带刺，古人多引喻不祥之物。这种植物生长在土地荒废处，常用以比喻荒年干旱之兆。

纵观《楚辞》中植物的特色，不难发现它涉及的99种植物主要分布在长江中游地区,这和屈原生活的区域有直接关系。以香草香木比喻忠贞的品质,对后世文学作品的影响很大,用以寄情寓意的草木就达 55 种;甘蔗首次在《楚辞》中出现,表明在屈原生活的时代,甘蔗已经在长江中游开始种植。也不知道为什么,长江中游作为重要的粮食产区,《楚辞》对粮食歌颂的篇章却是屈指可数。

章回小说与植物

章回体是中国古代长篇小说的重要表现方式,从宋元说书者讲故事的"话本"发展而来,在民间广受欢迎。很多章回小说中,也都有着植物的身影。如《儒林外史》中出现的 99 种植物,其中最多的是茶、柳、竹;《水浒传》中出现的 100 种植物,其中最多的是茶、柳、桃;《西游记》中出现的 253 种植物,其中最多的是茶、松、柳;《红楼梦》中出现的 242 种植物,其中最多的是茶、竹、荷。

章回小说中之所以高频率地出现茶、柳、桃、竹、荷等植物,一方面是因为这些植物在自然界随处可见,另一方面是因为这些植物和人的生产生活紧密相连。这些植物不仅仅是自然界的植物,在章回小说中时常成为精神理念的代名词。章回小说与植物的关系,主要有这几个特点:一是很多章回小说都将植物成语典故巧妙地融合在小说故事情节的发展中。二是小说详细记载古代的园林植物,如《红楼梦》叙述大观园中栽种或自生的植物多达 78 种,其中松、枫等庭园树 25 种,梨、枇杷等果树 6 种,蔷薇、金银花等藤蔓类观赏植物 15 种,草本植物及药用植物 23 种,水生植物 6 种。三是小说中记录丰富的药用植物种类。如《儒林外史》中的药用植物有人参、黄连、半夏、贝母、茯苓等共8种,《金瓶梅》中的药用植物有红花、薄荷、地黄、甘草、乌头、三七、当归等共14种。四是以植物的特殊意涵安排小说情节,如《水浒传》第46回:杨雄早来到那翠屏山上,但见"漫漫青草,满目尽是荒坟;袅袅白杨,回首多应乱冢"。暗喻潘巧云之惨死。五是以植物特性映射小说人物个性,如用"岁寒三友"松、竹、梅比喻人的坚贞不屈,用松树象征君子的形象等。

《中国文学植物学》是一本具有创新性的专著,要是作者没有中国古代文学和现代植物学的深厚造诣,无法完成这本书的写作。中国文学植物学之研究,是文学研究的新方向,这和人与自然和谐共生的价值追求相契合。了解和掌握中国古代文学与植物学的关系,能提升我们对历史、自然、文学的深入认识,这尤其有利于自然生态文学研究向纵深拓展。阅读该书也要看到,当前有的自然生态文学作品中,对于瑰丽的植物世界要么叙述潦草,要么记录极为肤浅。中国古代文学史中,很多作品都追求天人合一、道法自然的思想境界,其中植物就是最重要的载体。无论从历史还是现代层面看,文学都要关注自然、关注植物,只有如此,文学才有活力与张力。

大自然呼唤人文关怀

生活里没有书籍，就好像没有阳光；智慧中没有书籍，就好像鸟儿没有翅膀。知识是人类进步的阶梯，阅读则是了解人生和获取知识的重要手段。大学毕业近20年来，我最大的爱好就是读书和写作，并陆陆续续在报刊发表了一些书评。根据书评主题的不同，我将其编成不同的册子，如《大地文心》《最是书香》《家国书事：来自南望山的阅读笔记》《书山问道：文化·文学·艺术阅读札记》等，幸运的是，这些书评集被不同的出版社出版。

说实话，自己的文字被发表和出版，我内心是惬意的。从2012年开始，我隐隐不满足于这些，觉得自己的阅读与写作要与这个时代同频共振。我工作的中国地质大学（武汉），有一大批研究地球科学和生态环境的专家学者，受其学术氛围的影响，我渐渐对生态文化产生了兴趣。此后，我的阅读指向非常明确：围绕生态文化类书籍渐次展开阅读，尝试撰写生态文化评论。7年当中，不知不觉"攒"了一批生态书评。2018年，我遴选出59篇书评，共20万字，汇编成书《山河气韵：书香视野中的生态文化》（湖北人民出版社2019年版）。在自然生态环境的这张大网中，我试图总结、提炼、探寻隐匿在书山文海中的生态文化之道。

　　自然生态环境，关乎国家未来、社会发展和个人命运。自然生态环境既关于科学技术，也是不可忽略的文化问题。千年来，中国人热爱自然，敬重自然，将"天人合一""道法自然"的思想追求主动融入文学创作之中。先人们用感性的文字、优美的语言书写山河草木之美。我在研读《唐诗的博物学解读》《草木缘情：中国古典文学中的植物世界》等著作之后无限感慨：正是由于古代文人心怀自然，才创作了一批广为流传的优秀文学作品。古人在诗歌创作中，"我"虽然总是渺小的，可是对自然万物有着细致入微的观察，其丰富的自然地理生态知识超过了想象。在阅读《融入野地》《访草》《大写西域》等图书之后，我觉得不管是现在还是未来，如果在文学中看不到自然界应有的生机，其文学的生命力是值得怀疑的，因为人不能从自然环境中剥离出来。

　　广义上讲，生态文化是指人类在社会历史发展进程中所创造的反映人与自然关系的物质财富和精神财富的总和；狭义上看，生态文化指人与自然和谐发展与共存共荣的生态意识、价值取向和社会适应。坦率地说，很多中外学者对人类历史进程的研究，多从政治、经济、战争等层面切入，然而这存在缺陷：因为人类历史的进程，离不开自然生态环境这个宏观要素。我在阅读《绿色世界史》《森林和绿色中国史》《大象的退却：一部中国史》等著作后发现，近几十年来有部分学者在研究历史时，已经从生态环境的视角切入。我坚信：忽视生态变迁的过程，其历史书写是不完整的，历史的真实面貌也难以看清。近年来，《一平方英寸的寂静》受到人们的热捧，该书主要阐明了大自然中的寂静,昭示着自然环境的良好。我阅读此书后的感受是:身处这个快速发展与转型的时代,我们不仅要遏制生产生活中的噪声,还要去除思想、文化、行为中的杂音、噪声,在风清气正的氛围中,安静地阐释生命美义。

自然环境是一个复杂的大系统,涉及诸多学科和不同专业。无论从哪个角度看,生命的起源与进化、动植物的生长与繁衍、气候的瞬息万变等,都和生态环境有着密切的关系。《山河气韵:书香视野中的生态文化》立足于全民阅读和生态文化的双重视角,但并非尽善尽美,因为在瑰丽的自然面前,对生态文化的探索,我仅仅只是起步。至于拙著出版之价值,我归结为三点。首先为书香社会建设营造氛围。对于人们读什么,如何读,拙著中涉猎的一些生态文化书单为人们的阅读提供了参照。其次是充实生态文明建设的内涵,并拓展其广度。生态文明建设,既体现在环境保护与治理的实践之中,也体现在生态文化研究与评论中,对此我愿意付出行动。最后是尝试拓展生态主题书评的空间,当前文学类、史学类、艺术类等书评集不少,而生态文化类书评专著,目前并不多见,我愿意吃一次"螃蟹"。阅读写作之余我还喜欢画画,书中收录了10多幅与生态文化有关的钢笔画,不知道能否提升拙著的审美品位。

生态文学品鉴

走向
远阔山河

近年来,伴随着信息技术的突飞猛进,人们的精神生活愈发丰富,尤其是网络短视频,吸引了无数人关注的目光。随之而来的是,曾经被无数人追捧的文学,却有失宠之势。优秀的文学是时代的号角,在精神生活中扮演着重要角色。《地质文学》可谓一股清流,逆风飞扬。

笔者手捧中国大地出版社出版的2024年《地质文学》第一卷,也就是创刊号,内心百感交集。中国是文学的国度,古往今来涌现出无数的文学才俊。文学滋养着我们的文明和文化,同时也是文明和文化的象征。20世纪80年代,改革开放之初,阅读文学、创作文学是社会的风潮,很多人的心中都有一个"文学梦",那时的文学迷人有魅力。再后来,文化生活走向多样化,关注和热爱文学的人慢慢变少了。尽管如此,依然有很多作家在潜心创作,多数文学期刊并没有"退场"。

用文字展现时代变迁、用文字表达人的命运起伏、用文字传递丰富的情绪当然是文学之责,而文学的内涵是表现人性,文学的本质就是"人学"。文学是一切文艺创作的"思想发动机",对文学的理解越深刻，文艺创作才会越有深度，越能够吸引人、感染人。文学对于社会建设发展而言是软实力，其重要性不言而喻。反过来讲，离开文学的滋养，所有的文艺创作都是苍白的、没有生命力的。现代化建设若没有文学的关注和加持，就失去了精神支撑。地质工作是社会建设的"动力系统"，地质事业和其他事业一样，需要精神的补给，需要文学的慰藉。地质事业在高质量发展的征程上，需要文学鼓与呼，文学，也以独特的方式反哺地质事业。

由中国地质文学艺术联合会、中国地质调查局宣传教育中心、中国矿业报社、中国地质作家协会等联合编辑的《地质文学》于2024年上半年创刊并出版，这是新时代地质事业的重要事件，在当代文学界留下了浓墨重彩的一笔。在这个文学看似小众的年代，《地质文学》悄然问世，昭示了这样一个道理：文学其实没有走远，文学依旧是我们抵御风雨、勇敢前行的精神灯塔。这本新生的刊物从策划、到组稿、再到编辑和出版，其中的付出，编辑团队冷暖自知。一群人坚守文学，并且开疆拓土，这需要定力和魄力。

《地质文学》按照文学体裁的不同，分为纪实、小说、散文、诗词、评论等不同的栏目。刊发的作品，既有来自地质文学领域的名家的，也有来自在地质一线工作的文学爱好者。从《多宝山的蹉跎岁月》《我的地质情结》《在大庆油田》《走进"四矿"》等篇目来看，作品地质主题鲜明，行业特色得到充分彰显。中国地质作家协会主席赵腊平在发刊词《让地质文学开出更加美丽的花朵》中，阐明了该刊的原则和立场：旗帜鲜明讲政治、坚持守正创新、坚守人民立场、发掘文学人才。这与其说是发刊词，还不如说是对地质文学发展寄予厚望。

　　说起地质文学,从字面上看,也许有人认为这只是一个行业领域的文学,其实非也。地质和众多的其他行业,和我们的生活都有着深刻的联系。地质文学是一个标识,是一个能量场,鼓励地质工作者深入思考人与自然的关系、人类命运的走向,并把所思所感,把有温度的文字付诸笔端。这是地质文学的核心命题,同样也是一切文学终极思考的问题。当然,讲好新时代人与自然和谐共生的故事,是地质文学当仁不让的使命。

　　长期以来,地质界具有优良的文学传统,涌现出不少名家名作。例如,从青海基层地质队走出来的常江,被誉为"帐篷诗人",他那脍炙人口的诗作,不仅影响着地质文学创作的走向,还塑造着广大地质工作者的生命气质。中国自然资源作家协会主席陈国栋早年从事地质勘探,后来转向文学创作,报告文学《地球印记》获2022青花郎·人民文学奖:非虚构作品奖;张二棍、叶浅韵、贾志红等中青年作家,已经活跃在中国文学的舞台中央,还有一大批后起之秀,正在蓄势待发……

　　也许是地质工作者长期和大自然打交道的原因,这个群体对山河大地有着本能的热爱,其豪迈和坚韧的品格,也在文学作品中得到彰显。地质文学创作不仅需要创作者深沉的家国情怀,还需要对自然万物有敏锐的感受力,对人与自然和谐共生有独有的思辨力。地质文学不需要宣传式的标语和空洞的口号,需要俯下身、沉下心,用心观察自然的细节,用情体验人间的冷暖。从事地质文学创作,不是为了功名利禄,而是灵魂深处的需要,是精神生活的自觉追求。

这就如同沉默的群山和奔腾的江河,从不指望人类给予多少馈赠,可它们就在那里。

在现实世界里,人们对于新生的事物,往往满怀期待、欢欣鼓舞,而一旦船到险滩、风高浪急,就畏缩不前,或者草草收场。刚刚创刊和出版的《地质文学》,如同孩童蹒跚学步,可是勇敢走出了第一步,就必然毅然前行,迈向文学高原,直抵文学高峰,这是《地质文学》的梦想。《地质文学》之所以有这样的气魄,是因为地质人拥有"三光荣"精神。

有的人也许会说,国内的文学期刊不少了,《地质文学》价值几何,将来能在文坛有容身之地吗?其实这样的疑问是有道理的。该刊背靠地质事业,全国几十万地质工作者,需要栖身的文学家园,《地质文学》则是精神之巢,是寒夜里的火光,温暖跋涉在旷野的地质工作者并照亮他们前进的道路。作为地质文学创作者,就是要把新时代的地质故事,用有血有肉的文字满怀诚意地写出来,在这个阵地传播开来,其作品必然会在全社会引起共鸣。再则,文学的胸怀是阔大的,对于任何题材和领域,都没有门户之见。只要展现地质故事的文字能够直抵人心的深处,《地质文学》就会大放异彩。现在的《地质文学》,如同孩童茁壮成长,将来就是身强体壮的地质青年,背上行囊穿越密林、历经风雨,走向远阔山河。

为城市
深情写诗

诗歌是文学的精灵,被誉为文学的王冠。诗歌是一块无形的吸铁石,吸引无数人靠近它、拥抱它。在这样一个网络文化极为丰富的时代,诗歌从来都没有走远,就如同一位藏在心里的爱人和挚友。在当代众多优秀诗人中,李强是其中的代表。40多年来,他一直在武汉求学、工作、生活,无论多么忙碌,诗歌始终在他心里默默地生长、绽放。这些年来,他陆续出版诗集《感受秋天》《萤火虫》《山高水长》《潮水来了》《在水一方》《低飞与远航》等。读他的诗集《在水一方》(长江文艺出版社2022年版),令我感慨万分:诗歌就是一个人的精神背景,是人间烟火和喜怒哀乐的巧妙呈现。

中国传统诗歌对于辞藻颇为讲究,在形式和内容两个方面呈现古典之美。一百多年前,当白话文逐渐成为主流的文学语言之后,用白话文自由自在地写诗,并恰如其分地传情达意,再现思想立场,也历经了一个从传统到现代的审美转型。读艾青、臧克家等老一辈诗人的现代诗歌,浑身都有一种沸腾的力量。读顾城、海子等人的诗歌,我们发现诗歌在人性的表达方面具有多种可能。诗歌无论走多远,对于真、善、美、爱的追求不会改变,李强的诗作,仿佛一叶轻舟在长江里乘风破浪。风高浪急也好,险滩暗礁也罢,他就如同经验丰富的船长,将笔下的诗歌与滔滔江水相互交融。

任何诗人,总是和特定的时代、生活环境、人生经历、阅读见识、思考深度、价值追求有着密切的联系,这一切汇聚起来,就是诗人诗作的整体面相。李强在诗集《在水一方》的个人介绍中,有一句话意味深长:"……追求有意义与有意思的统一,喜欢干净、明亮、温暖的表达,乐此不疲,不知老之将至。"这句话诙谐又幽默,昭示着他对诗歌的认知、理解、创作偏好,以及对诗歌的深深眷恋。总而言之,他有一颗跳跃的、滚烫的诗心,给人满满的文学诚意。

《在水一方》主要收录了李强近年来创作的一系列诗歌,诗歌表达的内容广泛,对于武汉这座城市多角度的诗意书写,在诗集的副题"呼吸武汉四十年"中一目了然。正如诗集名一样,武汉是一座历史底蕴深厚的城市,长江和汉江在这里交汇,南北文化风俗在这里交织,水润泽了这座城市,也让这座城市有了灵性。李强对这座城市太熟悉了,从历史典故到市井生活,他都了如指掌,并饱含深情。

诗集《在水一方》之名,源自诗集的同名诗歌。《在水一方》这首诗,区区20行,不足200字,就为武汉画了一幅速写。当然,不同的诗人即便在同一城市的屋檐下,由于生活体验和观察视角的差异,诗作里的城市也不相同。李强对于武汉的诗歌创作,自有切入点。诗中写道:"黄花涝/不见黄花/黄花移民天门/白沙洲/不见白沙/白沙落户阳新",接着,对武汉的鹦鹉洲、黄鹤楼、龙王庙等地,以历史和现实的双重路向,追问城市的过去、现在和未来。在

《地理课》一诗中,李强对武汉的爱,表现得更加深沉、厚重。"长青不是常青 / 中间隔条张公堤 / 李家集不是李集 / 中间隔着澴水和倒水""沙河看不见沙湖 / 盈盈一水间 / 默默不能语"。诗作中,用城市的地名,挑起了城市历史与今天的两端。

该诗集中,多首诗都与武汉、江汉平原或湖北紧密相关。收录的诗作中,有的风格辽阔,有的风格细腻,有的是在沉思。一座城市是丰富多彩的,用几个词语来概括其特征,其实并不简单,何况是武汉这样的大城市呢?李强即便在这座城市"安营扎寨"这么多年,每一天的情绪不同,一首首诗作中的城市氛围感也是不同的。诗作和城市其实有点类似,是流动的,绝非凝固不变。《素描武汉》一诗,并没有对武汉进行全景式展现,而是聚焦东湖周边的几条街道,以点带面为武汉进行素描:"两个黄鹂鸣翠柳 / 一行白鹭上青天 / 爱心人士杜甫 / 身处乱世成都 / 想象盛世武汉 / 这两句诗 / 就是证据"。诗作这样开头,是颇为巧妙的,也是大胆的,把杜甫的名诗名句引入进来,让全诗具有一种穿越感。笔者认为,李强写这首诗时,一方面对古代诗人诗作心存敬意,另一方面心情也是惬意的。诗集《在水一方》对于武汉的书写,没有无病呻吟和假大空的赞美,而是体现在诗人独特的观察和理解中。其实,一个真正对工作、生活的城市产生爱恋之情的人,不会轻易把"爱"字轻浮地写出来,该诗集的作者也是如此。

城市是文明发展的产物,是社会进步的象征。很多诗人在创作中,都把城市作为创作的主题。然而,对于一座城市未来的展望和想象,在诗作中其实并不多见。该诗集中,《武汉2049》表达了李强对未来武汉的憧憬:"长江依然澎湃东流入海/有锦鳞闪闪/有白帆点点/黄鹤归来/白鳍豚归来/它们的欢乐与笑容穿越时空/让不同肤色的人们流连忘返"。未来是未知的,诗人和常人一样充满憧憬。尤其对于人与自然和谐共处,诗里行间充满期盼。曾经在长江游来游去的白鳍豚,消失在江水深处,多年后,这种古老的水生动物,会不会突然出现呢?诗人与其说期盼白鳍豚归来,不如说企盼着这座城市更具活力。

  总体上讲,《在水一方》是献给武汉的诗集,体现出诗人对武汉独有的观察、解读和思考。阅读该诗集,带来这样的启示:一是诗歌和所有的文学门类一样,带着诚意的书写最动人,作家和诗人不能咄咄逼人,更不能摆着架子,要俯下身子,深入到创作的现场,用文字真实地记录,把发自肺腑的感受和生命体验表达出来,这样的作品就有热度;二是诗歌创作不能装腔作势,对于城市、生活和自然万物,不能简单地贴上标签,假大空的文字和口号式表达,只会让作品失去温度;三是诗歌创作要契合当代,紧密围绕发展和变迁,抒发心中的情感,也只有如此,作品才能更有力度。

在生态文学评论中拥抱山河

在文学的浩瀚星空中,生态文学宛如一颗独特而闪耀的明星,散发着柔和却坚定的光芒,照亮着人类与自然关系的幽微之处。多年来,我以生态文学评论为工具,试图解读那些隐藏在文字背后的自然密码。我沉浸于这个领域,发表过诸多文章,出版过评论集,获得过奖项。在十多年的探索过程中,我有一些新的感悟。

初次与生态文学相遇,我就如同踏入了一片神秘而迷人的森林。那是一种难以言喻的震撼,仿佛一扇通往全新世界的大门在我面前缓缓打开。生态文学,是一面无比真实的镜子,映照出自然与人类当下的生存状态。我还记得,最初吸引我投身这个领域的,正是它对现实世界那份紧密且炽热的关切。生态文学作品以细腻如丝的笔触,为我们勾勒出山川的雄伟壮丽、森林的繁茂葱郁,那是大自然最本真的模样,让人心生敬畏与向往。但与此同时,它又揭示出环境污染、物种灭绝等一系列严峻得让人揪心的问题,宛如一记记沉重的警钟,在我们耳边不断敲响。

开展生态文学评论,就像是在生态文学作品与广大读者之间搭建一座通畅的桥梁。我希望通过自己的文字,引导读者穿越作品的表象，深入其内核，去理解那些隐藏在字里行间的生态要义。每一篇评论文章的创作过程，对我而言，都像是一场奇妙的心灵旅程。

生态文学评论绝不仅仅是对作品艺术手法的表面剖析，更重要的是对作品所蕴含的生态理念进行深度挖掘与广泛传播。我们评论者，就像是生态文学作品的解读者，要将作品中那些隐晦的生态信息清晰地呈现给读者，让更多的人能够从中汲取智慧，引发对人与自然关系的重新审视。

然而，在生态文学评论的道路上一路前行，我也逐渐察觉到这个领域存在的一些不容忽视的问题。当下，随着人们对生态问题关注度的不断提高，生态文学作品如雨后春笋般涌现，数量日益增多。但令人遗憾的是，作品的质量参差不齐。有些作品仅仅停留在对自然景观的表面赞美，它们用华丽的辞藻堆砌出一幅幅美丽的自然画卷，却未能深入生态问题的本质，如同在沙滩上建的城堡，看似美丽却根基不稳。而另一些作品，则走向了另一个极端，过于注重说教，以生硬、刻板的方式向读者灌输生态观念，使得作品失去了文学作品应有的灵动与感染力，变成了一本本枯燥的生态教科书。

在评论界，同样存在着一些乱象。部分评论文章流于形式，只是对作品内容进行简单复述，就像是鹦鹉学舌，没有自己的思考与见解。这些文章往往只是将作品中的故事情节、人物形象等简单罗列出来，却未能对作品的价值、意义以及艺术特色进行深入分析，无法为读者提供有价值的阅读指引。还有些评论者，并未真正理解生态文学的内涵，只是为了追赶潮流、蹭热度而撰写评论。他们对生态文学的理解仅仅停留在表面，写出的评论文章自然也是浮光掠影,质量大打折扣。这些问题的存在,无疑给生态文学评论的发展带来了阻碍。

面对这些问题,作为生态文学评论者,必须思考该何去何从。在我看来,首要的任务便是提高自身的素养。生态文学评论综合性极强,它涉及文学、生态、哲学等多个领域的知识。我们要做知识的探险家,广泛涉猎各个领域的知识,才能在评论的海洋中畅游自如。只有深入了解生态学的基本原理,我们才能准确判断作品中对生态现象的描写是否科学合理。比如,在一部作品中,如果作者描写的某种珍稀动物的生活习性与实际的生态知识相悖,那么我们作为评论者,就有责任指出这一点,以确保作品传播的生态信息是准确无误的。同时,只有具备深厚的哲学素养,才能挖掘出作品背后深层次的生态哲学思考。生态文学作品往往蕴含着对人类存在意义、人与自然关系等哲学问题的探讨,只有拥有敏锐的哲学洞察力,我们才能解读出这些隐藏在文字背后的深刻内涵。

其次,评论者要有独立思考的精神,绝不能盲目跟风、人云亦云。每一部生态文学作品都是独一无二的,它们如同夜空中闪烁的繁星,各自散发着独特的光芒。作为评论者,要有敏锐的洞察力,能够发现作品的闪光点和不足之处,并给出客观公正的评价。在评论过程中,要敢于坚持自己的观点,哪怕这些观点可能会引起争议。因为只有在思想的碰撞与交锋中,生态文学评论才能不断发展进步。就像在对一些具有争议性的生态文学作品进行评论时,不能因为害怕争议而选择随波逐流,而是要深入研究作品,从多个角度进行分析,然后勇敢地说出自己的看法。这样的讨论与争议,不仅能够推动生态文学评论的发展,也能够让读者从不同的观点中获得更全面的认识。

再者,生态文学评论要注重语言的表达。生态文学评论文章,不仅仅是写给专业人士看的,更要让普通读者能够读懂、理解。这就要求我们用生动、形象的语言,将复杂的生态理念和文学分析深入浅出地呈现给读者。生态文学评论者可以运用比喻、拟人等修辞手法,将抽象的生态概念变得具体可感。比如,在解释生态系统的平衡时,可以将生态系统比作一幅巨大的拼图,每一个物种都是拼图中的一块,缺少了任何一块,整个拼图都将变得不完整。通过这样生动的比喻,读者能够更容易理解生态系统平衡的重要性。只有让更多的读者能够读懂我们的评论文章,才能扩大生态文学评论的影响力,吸引更多的人关注生态文学,进而关注生态问题。

2019年我出版过评论集《山河气韵:书香视野中的生态文化》(湖北人民出版社),该评论集同年获得湖北省文艺精品创作扶持项目资助,是当时唯一获得资助的评论集。这部评论集现在看来,还有诸多的缺憾。一部评论集,绝不能仅仅是多篇文章的简单堆砌,而应该是一个有机的整体,就像一座精心构建的大厦,每一篇文章都是大厦中的一块砖石,它们相互支撑、相互关联,共同构成一个完整的体系。该评论集分为四个部分,每个部分从不同维度深入挖掘生态文化的内涵,它们相互关联,又层层递进,努力构建一个完整而丰富的生态文化体系。在"生态文学品鉴录"这一部分,我研读中国古代诗词以及现当代小说散文作品,探寻文学家与自然之间那千丝万缕、不可分割的联系。古人在诗歌创作中,总是将自己置于自然的怀抱中，显得极为渺小，却对自然万物有着超乎想象的细致入微的观察。他们笔下的自然，不仅是一幅幅美丽的画卷，更是蕴含着丰富自然地理生态知识的宝藏。从唐诗中对四季更迭、草木荣枯的细腻描绘，到现当代文学作品中对人与自然关系的反思，通过对这些作品的精彩解读，让读者认识到文学与自然相互依存的关系。

在长期的生态文学评论实践中，我也逐渐形成了自己的一些独特评论方法。我注重文本细读，从作品的字里行间寻找隐藏的生态密码。一个词语的选择、一个句子的结构，都可能蕴含着作者对生态问题的独特思考。同时，我也将生态文学作品置于更广阔的社会文化背景中进行分析。生态问题从来都不是孤立存在的，它与社会、经济、文化等因素密切相关。一部生态文学作品往往是特定社会文化背景下的产物，只有深入了解作品产生的时代背景，才能更好地理解作品的深层含义。比如，在工业革命时期，随着工业化进程的加速，环境污染问题日益严重，这一时期涌现出的许多生态文学作品，都表达了对工业文明的反思和对自然的向往。这些作品反映了当时人们在面对工业发展带来的环境破坏时的迷茫与觉醒，只有将它们放在工业革命这个特定的社会文化背景中，才能真正理解作品的价值。

此外，我还关注生态文学作品中的情感表达。情感是文学作品的灵魂，生态文学也不例外。作者通过表达对自然的热爱、对生态破坏的愤怒、对未来的担忧等情感，引起读者的共鸣，从而激发读者对生态问题的关注。在评论作品时，我分析作者如何运用情感元素来增强作品的感染力,以及这些情感表达对传达生态理念所起到的作用。比如,在一些作品中,作者通过细腻的描写,将自己对一片森林被破坏的痛心之情展现得淋漓尽致,这种情感能够深深触动读者的心灵,让读者更容易接受作品中所传达的生态保护观念。

生态文学评论不仅仅是一种学术行为,更是一种沉甸甸的社会责任。当今时代,生态问题已经成为全球关注的焦点,我们生活的地球正面临着前所未有的挑战。生态文学评论者有责任推动生态文学的发展,唤起公众的生态意识。我们的评论文章,要如同种子撒播在读者的心中,希望能够在他们心中生根发芽,让更多的人认识到保护生态环境的重要性,积极投身生态保护的行动中来。

回顾自己在生态文学评论领域走过的路,有艰辛,有困惑,但更多的是收获和喜悦。每一篇文章的发表,每一次与读者的交流,都让我感受到评论拥有的力量。今后,我将继续在这个领域耕耘,书写更多关于生态文学评论的篇章,为推动生态文学的繁荣发展贡献自己的绵薄之力。我相信,在众多生态文学评论者以及广大文学爱好者的共同努力下,生态文学一定能够绽放出更加绚烂的光彩,为人与自然的和谐共生描绘出美好的蓝图。让我们携手共进,聆听山河的呼唤,守护我们共同的家园。

文艺作品如何讲好
人与自然的故事

在社会发展的漫漫长路中，物质文明与精神文明恰似车之两轮、鸟之双翼，同等重要且相辅相成。物质文明为我们构筑起生活的硬件基础，而精神文明则滋养着我们的心灵，赋予生活以温度与意义。优秀的文艺作品，无疑是精神文明的璀璨明珠，它们不仅映射出时代的精神风貌，更在潜移默化中影响着人们的价值观与行为方式，在一定程度上影响着精神文明建设的成效。

如今，在全球生态环境问题日益凸显的大背景下，人与自然和谐共生已然成为时代的最强音。我们所生活的地球，是人类与万物共同的家园，每一片森林、每一条河流、每一寸土地，都承载着无数生命的繁衍生息。而文艺作品，作为人类情感与思想的表达载体，肩负着不可推卸的责任——去讲述人与自然和谐共生的动人故事，传递这一关乎人类未来命运的重要理念。

开掘主题，探寻深度

任何优秀的文艺作品，其灵魂都在于深刻的思想主题。对于讲述人与自然和谐共生故事的文艺作品而言，更是如此。主题的深度，决定了作品的高度与影响力,它宛如一盏明灯,照亮作品前行的方向,引领读者或观众深入思考人与自然的关系。

那么,这份深度从何而来呢?它源自我们对自然的敬畏之心,源自人类在追求与自然和谐相处过程中所展现出的坚韧与智慧,源自无数普通人在日常生活中为保护自然所付出的点滴努力。在当今生态文明建设的时代浪潮下,我们正逐步摒弃过去那种对自然的过度索取与破坏的模式,转而寻求一种更为平衡、可持续的发展模式。文艺作品应当紧紧抓住这一时代脉搏,将人与自然和谐共生的主题深深融入其中,从不同角度、不同层面进行挖掘与展现。

比如,我们可以通过描绘自然保护区工作人员的日常工作,展现他们为保护珍稀物种和生态环境所付出的艰辛努力;可以讲述普通农民在农业生产中采用绿色环保方式,实现经济发展与生态保护双赢的故事;还可以聚焦城市中那些致力于推动垃圾分类、绿色出行等环保行动的志愿者群体,展现他们为改善城市生态环境所做出的积极贡献。这些真实而生动的故事,蕴含着丰富的情感与深刻的内涵,是展现文艺作品主题深度的重要源泉。

在创作过程中,我们绝不能简单地喊口号和说教,而要通过细腻的笔触、生动的情节和鲜活的人物形象,将人与自然和谐共生的理念润物无声地传递给受众。就像一些优秀的环保纪录片,它们没有生硬地灌输环保知识,而是通过展示大自然的壮美与脆弱,以及人类活动对自然造成的影响,让观众在内心深处产生强烈的共鸣,从而自发地形成对自然的保护意识。

精选题材，彰显厚度

题材的选择，是文艺创作的第一步，也是至关重要的一步。一个好的题材，犹如一颗种子，能够在创作者的精心培育下，生根发芽，成长为一棵枝繁叶茂的参天大树。对于讲述人与自然和谐共生故事的文艺作品来说，合适的题材更是数不胜数，它们广泛存在于我们生活的方方面面，等待着创作者去发现、去挖掘。

从广袤的森林到无垠的海洋，从宁静的乡村到繁华的都市，人与自然的故事无处不在。我们可以关注那些因生态环境改善而重新焕发生机的湿地，讲述它们如何成为众多候鸟的栖息地，以及背后所蕴含的人类对生态保护的不懈努力；可以聚焦于古老的农耕文化，展现传统农业智慧如何在现代社会中与生态保护相结合，实现可持续发展；还可以着眼于城市中的生态建筑，探讨如何通过科技创新，让建筑与自然环境融为一体，为人们创造更加舒适、健康的生活空间。

然而，要想让题材具有厚度，创作者必须深入生活，亲身体验人与自然和谐共生的实践过程。这就要求我们走出舒适区，走进大自然，走进那些为生态保护默默奉献的人群中。与他们交流，倾听他们的故事，观察他们的生活细节，只有这样，我们才能真正理解人与自然和谐共生的内涵，才能将这些真实而深刻的体验融入作品之中。

例如，一位作家为了创作一部关于草原生态保护的小说，深入草原生活了数月。他与牧民们一同放牧，参与草原的日常管理，亲眼目睹了草原生态环境的变化，感受到了牧民们对草原的深厚情感。这些亲身经历让他的作品充满了生活气息和真实感，读者在阅读时仿佛能够闻到了青草的芬芳，听到骏马的嘶鸣，深刻体会到人与自然和谐共生的重要性。

讲述故事，传递温度

故事，是文艺作品的核心。一个好的故事，能够吸引读者的目光，触动他们的心灵，让他们在情感的共鸣中领悟作品所传达的思想。在讲述人与自然和谐共生的故事时，我们要关注故事中的主角——那些与自然紧密相连的人们。他们的喜怒哀乐、他们的梦想与追求、他们在面对困难时的坚韧与勇气，都是故事的灵魂所在。

我们可以讲述一位年轻的环保志愿者，放弃城市的繁华生活，来到偏远的山区，致力于保护当地的野生植物。在这个过程中，他遭遇了种种困难：资金短缺、村民的不理解、恶劣的自然环境等，但他始终没有放弃。通过他的努力，越来越多的人开始关注这片山区的生态保护问题，曾经濒临灭绝的植物也逐渐恢复生机。这个故事不仅展现了人与自然和谐共生的美好愿景，更传递出一种积极向上的力量，让人们感受到只要心中有信念，每个人都可以为保护自然贡献自己的力量。

再比如，有一部电影讲述了一个沿海村庄的渔民，在意识到过度捕捞对海洋生态环境造成严重破坏后，毅然决定改变传统的捕鱼方式，发展生态养殖和海洋生态旅游。在这个过程中，他们经历了转型的痛苦与迷茫，但最终通过团结协作，实现了经济发展与生态保护的双赢。这部电影以真实的情感和细腻的描写，让观众看到了普通人在人与自然和谐共生道路上的探索与努力，引发了广泛的社会共鸣。

在讲述这些故事时，我们要用充满温度的语言和画面，让观众和读者能够感同身受。要注重细节的刻画，一个微笑、一滴眼泪、一个坚定的眼神，都能够传递出人物内心深处的情感，让故事更加真实、更加动人。只有这样，我们的作品才能真正走进人们的心里，激发他们对自然的热爱与保护之情。

塑造典型，增强力度

在文艺作品中，典型人物或群体的塑造能够极大地增强作品的感染力和影响力。他们就像一面镜子，反映出时代的特征和精神风貌，让观众或读者在他们身上看到自己的影子，从而产生强烈的认同感。对于讲述人与自然和谐共生故事的文艺作品来说，塑造典型同样至关重要。

我们可以塑造一位致力于生态修复的科学家的形象，他几十年如一日地扎根在科研一线，不畏艰难险阻，攻克了一个又一个技术难题，为生态环境的改善做出了巨大贡献。他的形象代表了人类对科学真理的追求和对自然的责任担当，能够激励更多的人投身到生态保护的事业中来。

我们也可以塑造一个以保护家乡河流为己任的民间环保组织形象，组织成员虽来自不同的行业，有着不同的背景，但都怀着一颗热爱自然的心。他们通过自发组织宣传活动、清理河流垃圾、监督企业排污等行动，让家乡的河流重新恢复了清澈。这个群体的形象展现了团结的力量和普通人在生态保护中的重要作用，能够激发更多的人参与到身边的环保行动中来。

在塑造典型时，我们要遵循真实性和艺术性相结合的原则。典型人物或群体不是凭空想象出来的，而是源于生活中的真实原型。我们要深入挖掘他们的故事，提炼他们的精神品质，用艺术的手法进行加工和升华，使他们既具有鲜明的个性特征，又能够代表广大为生态保护努力奋斗的人们。同时，要注重细节的刻画，通过一些具体的事例和行为，让典型人物或群体的形象更加立体、丰满，具有说服力和感染力。

广泛传播，拓展广度

一部优秀的文艺作品，只有得到广泛的传播，才能发挥其应有的社会价值。在当今信息时代，传播渠道的多元化为文艺作品的传播提供了更多的机会和可能。我们要充分利用各种媒体平台，将讲述人与自然和谐共生故事的文艺作品推向更广泛的受众。

传统媒体，如电视、广播、报纸等，仍然具有强大的影响力。我们可以通过制作环保专题节目、发表相关文章等方式，向广大观众和读者传递人与自然和谐共生的理念。同时，新媒体平台，如微博、微信、抖音等，也为文艺作品的传播开辟了新的途径。这些平台具有传播速度快、覆盖面广、互动性强等特点，能够让优秀的文艺作品在短时间内迅速走红，引发社会的广泛关注。

例如，一些环保短视频在抖音上获得了数百万次的点赞和转发，这些短视频以生动有趣的形式，展现了大自然的美丽和脆弱，以及人类为保护自然所做出的努力，让更多的人在轻松愉悦的氛围中接受了环保教育。此外，还可以通过举办环保主题的文艺展览、演出、比赛等活动，吸引更多的人参与到人与自然和谐共生的宣传中来，进一步扩大文艺作品的传播范围。

同时，我们要注重不同文艺形式之间的融合与创新。将文学作品改编成电影、电视剧、舞台剧等，通过多种艺术形式的呈现，满足不同受众群体的需求。例如，一些经典的环保小说被改编成电影后，不仅在国内取得了良好的票房成绩，还在国际上获得了广泛的赞誉，极大地提升了人与自然和谐共生理念的传播广度和深度。

在这个充满挑战与机遇的时代，文艺作品肩负着重要的使命。我们要充分发挥文艺作品的独特魅力，用心讲述人与自然和谐共生的故事，开掘主题深度、精选题材厚度、传递故事温度、彰显典型力度、拓展传播广度，让更多的人认识到自然的珍贵与美好，激发他们保护自然的热情与行动。相信在文艺作品的助力下，我们一定能够实现人与自然和谐共生的美好愿景，共同创造一个更加绿色、更加美好的未来。让我们携手共进，用文艺的力量书写人与自然和谐共生的壮丽篇章。

地质文学与生态文学交融发展之思

文学作为反映社会现实与人类精神世界的重要载体,在不同的时代语境与学科交叉影响下,衍生出多种具有独特内涵与表现形式的文学类型。地质文学与生态文学便是在人与自然关系日益受到关注的背景下发展起来的文学分支。地质文学以地质科学知识为基础,展现地球漫长的演化历史、复杂的地质现象以及地质工作者的实践活动。生态文学则聚焦于生态环境问题,秉持生态整体主义思想,倡导人与自然和谐共生的理念。在当下生态文明建设的时代浪潮中,深入探究地质文学与生态文学的交融,不仅能够丰富文学研究的范畴,还能为推动生态文化发展、促进人与自然和谐共生提供新的思路与视角。

地质文学与生态文学的内涵及发展脉络

地质文学是围绕地质科学相关内容展开创作的文学形式,它将地质现象、地质历史、地质勘探等专业领域知识与文学的审美表达相结合,既涵盖对地球数十亿年沧桑巨变的生动呈现,如地层的褶皱、岩石的风化、化石的形成等地质过程,又包含对地质工作者艰苦卓绝勘探生活的细致描绘，展现他们在野外环境中与自然相互依存、挑战自我的精神风貌。

从发展脉络来看，早期的地质文学作品往往带有较强的科普性质，旨在向大众普及地质科学知识。例如，一些地质科普读物以通俗易懂的文字和生动形象的比喻介绍地质构造、矿产资源等内容，兼具科学性与趣味性。随着时代的发展，地质文学逐渐突破单纯的知识传播范畴，开始注重挖掘地质现象背后的文化内涵与人类情感。例如，著名作家徐迟的报告文学作品《地质之光》，不仅对地质专业知识进行介绍，还对李四光投身地质事业的家国情怀进行了生动再现。许多作品通过讲述地质勘探历程，反映人类对自然奥秘的不懈追求以及在这一过程中与自然建立起的深厚情感纽带，如"帐篷诗人"常江的诗作。他从青海基层地质队的生活中汲取灵感，其作品不仅展现了地质工作的艰苦，更塑造了地质工作者豪迈坚韧的生命气质，影响着地质文学创作的走向。

生态文学以生态整体主义为思想基础，将生态系统的整体利益置于最高价值地位。它关注自然与人类之间错综复杂的关系，通过文学作品揭示生态危机的现状、根源，并传达生态审美体验、生态伦理观念以及对人类未来命运的深切关怀。生态文学既歌颂自然的壮美与神奇，又对人类破坏自然的行为进行深刻批判，试图唤起人们的生态保护意识，探寻人与自然和谐共生的有效路径。例如，徐刚的作品《地球转》，不仅对地球的前世今生进行宏大叙事，还深刻反思人与自然的相处的现状，呼吁人们爱护自然环境，保护地球生态。

生态文学的发展源远流长，在西方，18世纪英国博物学家吉尔伯特·怀特的《塞尔伯恩博物志》被视为自然文学的开山之作，此后，英国浪漫主义和美国超验主义流派的作家，如威廉·华兹华斯、亨利·戴维·梭罗等，均在作品中表达了对自然的热爱与敬畏，为生态文学的发展奠定了思想基础。20世纪60年代以来，随着全球生态环境问题日益凸显，蕾切尔·卡森的《寂静的春天》犹如一声警钟，引发了公众对生态危机的广泛关注，推动生态文学队伍迅速发展壮大。在中国，生态文学也有着深厚的文化根基，古代文学作品中蕴含的"天人合一""道法自然"等生态智慧传承至今。当代生态文学在继承传统的基础上，积极回应现实生态问题，创作出大量反映生态文明建设实践的作品。例如，2022年获得青花郎·人民文学奖的作品《地球印记》，就是作家陈国栋在长期跟踪采访调研的基础上，以地质公园建设为切入点，讲述地质公园建设在生态文明建设中的现实价值的优秀作品，展现了人与自然和谐共生的价值意蕴，拓展了生态文学的主题空间。

地质文学与生态文学的关联与差异

地质文学与生态文学都以人与自然的关系为核心主题。地质文学通过展现地球漫长的地质演化历程，揭示自然环境对人类生存与发展的基础性作用。例如，在描绘山脉形成、河流变迁等地质现象时，凸显自然力量的伟大以及人类在自然环境中的渺小与依存关系。生态文学则从更直接的层面探讨人类活动对自然生态系统的影响，以及如何实现人与自然的和谐共处。两者都强调人类是自然生态系统的一部分,而非凌驾于自然之上的主宰者,倡导尊重自然、顺应自然的理念。

地质文学依托地质科学知识,对地球的物质构成、演化规律等进行科学阐释,同时融入文学的情感表达与审美创造,使科学知识以生动形象的方式呈现给读者,实现科学与人文的交融。生态文学同样如此,它在揭示生态系统运行机制、生态危机产生原理等科学内容的基础上,注入人文关怀与伦理思考,引导读者从人文角度审视生态问题。这种科学与人文的交织,使得两者在文学表达上具有相似性,都致力于在理性认知与感性体验之间找到平衡点,以增强作品对读者的感染力与思想启迪。

地质文学侧重于对地球地质层面的描绘,其时间跨度宏大,从地球诞生之初到历经数十亿年的复杂地质变迁,展现地球历史的漫长进程。它关注的是地质现象本身的科学原理与演变过程,以及地质工作者在探索地质奥秘过程中的实践活动。在诸多优秀的地质科普文学作品中,表现尤为鲜明。例如,在描写化石时,更注重化石形成的地质条件,化石在地质年代测定中的作用等科学知识的呈现。而生态文学更关注当下生态环境问题,聚焦于人类活动对生态系统造成的即时影响,如森林砍伐、物种灭绝、气候变化等。它在时间维度层面更贴近现实,旨在唤起人们对当前生态危机的警觉并促使其采取行动保护生态环境。例如,茅盾文学奖获得者张炜,就是一位拥有地质梦想、生态情怀的作家,他在很多文章中,回忆小时候就有当地质学家的愿望,即便后来和地质无缘,但是在很多小说中,都体现出他对自然的深沉之爱,对于人与环境共处的反思和追问,在长篇小说《我的原野盛宴》中表现得尤为突出。

地质文学在表现手法上，常常运用科学术语来准确描述地质现象，具有较强的专业性与客观性。同时，通过对地质工作场景、野外自然景观的细致刻画，营造出雄浑壮阔的氛围。在描写地质勘探队穿越沙漠寻找矿产资源时，会详细描述沙漠的地质地貌特征，如沙丘的类型、地层的裸露情况等。坦率地讲，以地质为主题进行文学创作的群体，相当一部分来自地矿领域，很多写作者对于地质工作了如指掌，但是在文学创作中，往往注重地质本身，而对于地质与人的关系，或者对地质工作的主体人的书写，还是远远不够的。地质文学和其他文学一样，不能忽视对人的书写、人的塑造。生态文学则更多运用抒情、象征等手法，以情感化的语言表达对自然的热爱之情与对生态破坏现象的痛心之感。它善于通过描绘自然生物的生存状态、自然景观的变化来传达生态理念，使读者在情感共鸣中深刻理解生态问题。在描写濒危动物的生存困境时，会通过细腻的情感描写引发读者对动物命运的同情与对生态保护的责任感。

地质文学与生态文学如何交融

地质文学在对地质现象进行传统描绘的基础上，融入生态文学所倡导的生态整体主义理念，能够实现主题的深化。不再仅仅局限于地质过程的呈现，而是从生态系统的角度出发，思考地质现象与生态环境之间的相互关联。例如，在描写火山喷发这一地质事件时，不仅阐述火山喷发的地质原理，还深入分析其对周边生态系统的短期与长期影响，如火山灰对土壤肥力、植物生长的影响，火山喷发引发的气候变化对生物多样性的影响等。这种拓展使地质文学从单纯的地质记录上升到对人与自然生态关系的全面思考，丰富了作品的思想内涵。

生态文学引入地质视角，能够拓宽其时间和空间维度。在地质历史的长河中审视生态问题，有助于更深刻地理解生态系统的演变规律以及人类活动在漫长地质时期中对生态的影响。例如，在探讨当前气候变化问题时，结合地质历史时期的气候变迁数据，对比不同时期气候变化的原因与结果，使读者认识到当前人类活动导致的气候变化的特殊性与严峻性。同时，从宏观的地质构造角度，理解生态系统在不同地埋区域的分布与演化，为生态文学的主题表达提供更为广阔的视野，使生态问题的探讨更具深度与广度。

地质文学通过描绘宏大地质景观、漫长地质历史，形成了雄浑壮阔的审美风格。而生态文学在对自然生物、细微生态变化的刻画中，展现出细腻温婉的一面。两者的交融能够创造出独特的审美体验。例如，在描写高山峡谷这一地质景观时，可以将地质文学对峡谷形成过程中地壳运动的磅礴描绘，与生态文学对峡谷中珍稀动植物生存状态的细腻描写相结合。一方面展现大自然鬼斧神工的力量，另一方面凸显生命在自然环境中的顽强与美好，使读者在感受宏大与细微、力量与温情的交织中，获得更为丰富多元的审美享受。

地质文学中的科学理性与生态文学中的人文感性相互交织，为作品增添独特魅力。地质文学中对地质科学知识的严谨阐述，体现了科学理性的一面，而生态文学中对自然的热爱、对生态危机的忧虑等情感表达则充满人文感性。在描写河流生态系统时，既运用地质科学知识说明河流的形成、河道变迁等原理，又以生态文学的视角抒发对河流生态遭到破坏的痛心之情，呼吁人们保护河流生态。这种科学理性与人文感性的交融，使作品既有坚实的知识基础，又能引发读者强烈的情感共鸣，提升文学作品的审美层次。

生态文学在创作中可以借鉴地质文学注重写实的手法。地质文学在描绘地质现象时，力求准确客观地呈现其真实面貌，生态文学在描写生态环境现状、生态问题时，也应秉持这种写实态度。例如，在记录某一地区森林砍伐的生态破坏场景时，应借鉴地质文学对地质勘探现场的细致记录手法，详细描述砍伐规模、砍伐方式对周边生态环境的即时影响，如水土流失、动物栖息地丧失等情况，使读者能够直观真切地感受到生态问题的严重性，增强作品的可信度与说服力。

地质文学吸收生态文学的象征隐喻手法，能够使作品更具艺术感染力与思想深度。生态文学常通过自然事物的象征意义传达深层生态理念，地质文学也可借鉴这一方式。例如，古老的岩石象征地球历史的见证者，承载着数十亿年的岁月记忆，通过对岩石的描写隐喻人类在地球漫长历史中的短暂存在，以及对地球生态环境应持有的敬畏之心。这种象征隐喻手法的运用，使地质文学从单纯的客观描写上升到对人类与自然关系的哲理思考，丰富了作品的艺术表达形式。

地质文学与生态文学交融后的新气象

地质文学与生态文学的交融，催生了地球演化与生态变迁交织的新题材。这类题材将地球漫长的地质演化过程与不同地质时期生态系统的演变相结合，展现生命在地球历史长河中的起源、发展与兴衰。通过文学作品描绘远古时期地球海洋生态系统在地质变迁影响下的变化，如板块运动导致海洋面积、深度的改变，进而影响海洋生物的种类与分布。这种题材打破了传统地质文学与生态文学在时间与内容上的界限，为读者呈现出一幅宏大而连贯的地球生态历史画卷，拓宽了文学创作的题材范围。

随着人类对自然资源开发利用的不断深入，地质工程与生态影响成为新的文学题材。在地质工程建设，如矿山开采、隧道挖掘等过程中，不可避免地对周边生态环境产生影响。文学作品可以聚焦于此，探讨如何在实施地质工程的同时实现生态保护与可持续发展。描写矿山开采过程中，探讨如何通过科学的开采技术与生态修复措施，减少对土地、水资源、生物多样性的破坏，实现经济发展与生态保护的平衡。这类题材紧密结合现实社会发展需求，具有较强的现实意义与时代价值。

在地质文学与生态文学交融的过程中，塑造兼具科学素养与生态情怀的人物形象。这类人物既熟悉地质科学知识，能够理解地球地质现象背后的科学原理，又拥有强烈的生态保护意识，积极投身于生态环境保护实践。例如，塑造一位从事地质勘探工作的专家学者，他在野外勘探过程中，不仅专注于地质研究，还敏锐地关注到勘探活动对当地生态环境的潜在影响，并主动采取措施加以保护。通过对这类人物形象的塑造，传递科学与人文相交融的价值观，为读者树立新的榜样形象。

在地质文学与生态文学交融的过程中,创造出具有象征意义的地质生态意象。这些意象交融了地质元素与生态内涵,如将"风化的岩石"象征为自然力量对地球表面的雕琢以及生态环境长期变迁的见证;"湿地"意象既体现了独特的地质地貌特征,又象征着丰富的生物多样性与脆弱的生态平衡。这些意象丰富了文学作品的象征体系,使作品能够以更凝练、含蓄的方式传达复杂的生态思想与情感。

地质文学与生态文学交融后的文学作品,能够强化生态教育功能。通过生动的文学叙事,将地质科学知识与生态理念有机结合,使读者在欣赏文学作品的同时,了解地球生态系统的运行机制、地质现象与生态环境的相互关系以及生态保护的重要性。在作品中讲述地质历史时期生态系统崩溃的案例,以及当前人类活动对生态环境的破坏现状,引导读者反思自身行为,增强生态保护意识,从而在全社会范围内推动生态教育的普及与深化。

这类交融文学作品具有推动生态文明建设的实践导向价值。它们不仅揭示生态问题,还通过文学的感染力激发读者参与生态文明建设的行动意愿。作品中描绘地质工作者与生态保护者共同合作,开展生态修复工程的实践案例,为现实中的生态文明建设提供借鉴与启示。同时,文学作品的传播能够引起社会各界对生态问题的关注,促使政府、企业和社会公众采取实际行动,推动生态文明建设的实践进程。

地质文学与生态文学的交融,是文学在当代社会发展与生态文明建设背景下的必然趋势。两者在内涵、主题、审美与创作手法等方面的深度契合、差异互补，为交融提供了广阔空间。通过主题的拓展深化、审美风格的交融以及创作手法的相互借鉴，地质文学与生态文学的交融催生了新的文学题材、文学形象与文学价值。这种交融不仅丰富了文学的表现形式与思想内涵，更在生态教育、推动生态文明建设实践等方面发挥着重要作用。未来，随着人们对人与自然关系认识的不断深化，地质文学与生态文学的交融必将进一步拓展与深化，更多具有时代价值与艺术魅力的文学作品将为构建人与自然和谐共生的美好未来贡献文学力量。

高校生态文学
人才培养之我见

在当今这个科技飞速发展的时代,我们在享受着科技带来的便捷与舒适时,也越来越深刻地意识到人与自然和谐共生的重要性。生态环境问题不再遥远,它正切切实实地影响着我们每一个人的生活。而生态文学,作为连接人与自然的一座桥梁,其重要性不言而喻。

我们都知道,科技创新和科学普及对于社会发展至关重要,它们就如同鸟的两只翅膀,缺一不可。随着大家对生态环境关注度的日益提升,人与自然和谐共生已经成为全球的共识。生态文学以一种生动形象、富有感染力的文学形式,向大众展现着生态知识和理念。它就像一把钥匙,能够打开人们心中那扇关于自然的大门,让我们更加深入地了解自然、热爱自然,进而保护自然。

高校的优势

高校,作为知识的殿堂,是人才培养的重要基地,在生态文学创作人才培养方面有着独特的优势。我们不妨来仔细探讨一番。

先说说高校的专业优势。综合性高校和文科高校在文学创作人才培养上确实有一定的基础,但有时候会感觉和特定领域结合得不够紧密。然而,高校的学科门类丰富多样,各个专业之间相互交融,这就为生态文学创作人才培养带来了绝佳的机遇。如今,生态研究越来越精细化,那些高深的科研成果,如果只是躺在实验室里,或者仅仅在专业学术圈里传播,那它们的价值就无法充分发挥。

而生态文学创作,恰恰是一种能够将这些生态思想和知识广泛传播出去的重要方式。普通作家想要涉足生态文学创作,尤其是涉及自然科学、生态环境等同人与自然和谐共生相关领域的创作,往往需要跨越专业知识的门槛。但高校的学生就不一样了,不同专业的学生有着各自的专业知识储备。生物学专业的学生,他们对生物多样性的了解可谓深入骨髓,能够用细腻的笔触准确描绘出生物多样性的奇妙之处。想象一下,他们可以向我们讲述热带雨林中那些珍稀动植物的独特生存方式,让我们仿佛置身于那片神秘的雨林之中。社会学专业的学生,则可以从社会结构层面来探讨人类与自然的关系。他们能分析出不同社会阶层对自然资源的利用方式和影响,让我们从一个全新的角度去思考人类与自然的相处模式。这些专业知识赋予了生态文学创作深度和准确性,使得作品更具说服力和吸引力。

再看看高校的资源优势。高校与社会各界的联系非常紧密,在人与自然和谐共生相关领域的研究和实践中,积累了丰富的资源。一方面,高校有众多的科研项目和实验室,涵盖了生态保护、环境修复、可持续发展等多个方面。这些科研成果简直就是生态文学创作的宝藏,取之不尽、用之不竭。比如说,高校开展湿地生态系统项目研究，通过科学家们的努力，对湿地的生态功能、面临的问题以及保护措施等都有了深入的研究。这些成果完全可以转化为生态文学作品，用通俗易懂的语言向公众介绍湿地的重要性以及当前的保护现状。让更多的人了解湿地对于保护生物多样性、调节气候等方面的重要作用，从而激发大家保护湿地的意识。

另一方面，高校和各类自然保护机构、环保组织等建立了合作关系。这些机构和组织在实际工作中积累了丰富的实践经验和一手资料，而且非常愿意和高校合作开展生态相关工作。高校可以充分利用这些合作资源，组织学生参与实地调研、生态活动等。学生们深入自然保护区、生态修复现场，亲身体验人与自然和谐共生的实际情况。在这个过程中，他们所看到的、听到的、感受到的，都能成为创作的真实生动素材。而且，高校还可以邀请相关领域的专家学者来举办讲座、开展培训。这些专家站在学科前沿，能够给学生们带来最新的知识和理念，提升学生的专业素养和创作能力。就像我曾经参加过一场高校举办的生态讲座，聆听专家们在野外考察时的经历。那些关于珍稀物种保护的故事，让我深受触动，也让我对生态保护有了更深刻的认识。

还有高校的后发优势。在人与自然和谐共生理念深入人心的时代背景下，高校培养生态文学创作人才迎来了新的契机。培养生态文学创作人才，有助于挖掘人与自然和谐共生领域的"精神富矿"。高校在长期的办学过程中，积累了大量的学术成果和文化资源，这些都是生态文学创作的宝贵素材。通过培养生态文学创作人才，鼓励他们把这些资源转化为生动有趣的生态文学作品，能够让更多的人了解人与自然和谐共生的理念，增强公众对这一理念的认同感，提升全民的生态素养。

同时，培养生态文学创作人才也有利于高校学科建设的"营养均衡"。现在很多高校都注重学科交叉融合，生态文学创作人才的培养正好可以促进不同学科之间的交流与合作。文学专业和自然科学专业结合起来，文学创作有了新的活力，自然科学知识也有了更有效的传播途径。这对于高校在相关领域的学科建设有着很大的推动作用，能够提升高校的综合实力。

培养的路径

既然高校在生态文学创作人才培养方面有这么多优势，那具体该怎么做呢？这就涉及培养路径的问题了。

配强师资队伍是关键。高校首先要充实生态文学创作教学的师资力量。可以有计划地分批组织教师到国内外知名高校和专业文学创作机构访学、研习。让教师们接触前沿的教学理念和创作方法，这样他们回到学校后，就能把这些新的知识和方法传授给学生，提升自己在生态文学创作方面的执教能力。在教师评聘和考核方面，也要制定有针对性的标准。毕竟生态文学创作教学有其特殊性，不能用普通的标准来衡量。要为教师提供广阔的发展空间，比如设立专门的生态文学创作教学奖项，对那些在教学中取得突出成绩的教师给予奖励。这样可以激励教师们更加积极地投入到教学工作中。

除了提升校内教师能力，还要积极引进外部专家资源。可以聘请国内外科普文学创作名家，以兼职、客座教授等形式充实师资队伍。这些名家有着丰富的创作经验和较高的知名度，他们来到学校，能为学生带来前沿创作理念和实践经验。还可以定期组织名家对教学工作进行检查和巡查，确保教学质量。比如邀请知名生态作家来举办创作讲座，和学生们分享自己的创作心得，进行面对面的交流和指导。另外，采用"驻校作家"模式也很不错。聘请有丰富创作经验的生态作家作为"驻校作家"，让他们在规定时间内到学校进行创作，同时为学生举办讲座并开展针对性辅导。学生们可以近距离接触这些优秀的生态文学创作者，学习他们的创作技巧和方法。"驻校作家"还可以带领学生开展创作实践活动，从选题策划到作品完成，全程给予指导，这对学生创作能力的提升非常有帮助。

优化课程体系是重点。高校要设置同人与自然和谐共生相关的通识性、基础性课程。这些课程就像搭建房子的基石，提供培养生态文学创作人才的知识基础，能够帮助学生构建全面的知识体系。比如设置"生态系统概论""人类与自然关系史"等课程，让学生了解人与自然和谐共生的基本概念和发展历程。只有对这些基础知识有了深入的了解，学生在进行生态文学创作时，才能有更扎实的根基。

在课程设置中，高校还要突出核心专业课程。要明确主次，把生态文学创作的核心课程摆在突出位置。强化"生态文学创作概论""生态文学经典作品赏析""生态主题写作实践"等课程的教学。通过系统地设置这些课程，培养学生的创作能力和专业素养。在"生态文学创作概论"课程中，学生可以学习到生态文学的特点、创作原则和方法。在"生态主题写作实践"课程中，教师可以引导学生关注生态问题，进行相关主题的创作实践，让学生们在实践中不断提升自己的创作水平。此外，还要重视实践课程设置。加大生态文学创作实践课程的比重，鼓励学生深入自然保护区、生态修复现场、环保公益活动现场等一线场所。让学生亲身体验人与自然和谐共生的实践过程，通过实地观察和参与，增强对人与自然关系的感悟力，为创作提供真实素材。比如组织学生参加自然保护区的生态监测活动，学生们在这个过程中可以了解生物多样性保护的实际工作，然后以此为基础进行生态文学创作，这样写出来的作品会更真实、更有感染力。

完善体制机制是保障。高校要搭建生态文学创作人才培养平台，成立专门的工作机构，配备专业的管理干部，明确机构和干部的工作职责，制定详细的人才培养实施方案和计划。比如设立"生态文学创作人才培养中心"，负责统筹协调各项培养工作，包括课程安排、师资管理、学生实践活动组织等。在招生选拔方面，要在上级教育主管部门的支持下，开展生态文学创作人才的招生工作。可以在硕士研究生层面进行招生，学生既可以从校内具有相关专业背景、有文学创作基础的本科生中选拔，也可以是免试攻读生态文学创作方向的硕士研究生；也可以通过非全日制硕士研究生招生方式，招收社会上在人与自然和谐共生相关领域有创作潜力的青年。要制定专门的招生标准和选拔流程，注重考查学生的专业知识、文学素养和创作能力。

另外，还要创新培养机制。积极探索生态文学创作人才的培养新机制。设立专项经费，扶持优秀的生态文学作品创作，支持作品的公开发表、出版和评奖。加强与文学创作机构、出版社等的合作,共同培养生态文学创作人才。定期举办各类研讨会,为师生提供交流创作经验的平台。举办全国性的生态文学创作大赛,提升学校在该领域的影响力。同时,利用网络新媒体平台,开通生态文学创作网站、微信公众号等,广泛宣传生态文学作品,扩大生态文学的传播范围。比如每年举办一次"人与自然和谐共生"生态文学创作大赛,吸引国内外众多创作者参与,评选出优秀作品并进行推广,这样可以激发更多人对生态文学创作的兴趣和热情。

在人与自然和谐共生的时代要求下,高校肩负着培养生态文学创作人才的重要使命。通过发挥自身的专业优势、资源优势和后发优势,采取配强师资队伍、优化课程体系、完善体制机制等有效措施,高校一定能够培养出一批优秀的生态文学创作人才。这些人才将会创作出更多高质量的生态文学作品,传播人与自然和谐共生的理念,提升公众的生态素养和环保意识,为推动生态文明建设和实现可持续发展目标贡献力量。未来,高校还应继续深化生态文学创作人才培养工作,不断探索创新,为构建人与自然和谐共生的美好社会提供坚实的人才支撑。我们期待着高校在生态文学创作人才培养方面能够取得更加辉煌的成就,让生态文学之花在校园里绽放得更加绚烂,为我们的地球家园增添更多的绿色和希望。

生态文学的视觉叙事之探索

我带领唐钰君、刘雅文、张世春三名学生组成的创作小组,历经四年创作和反复修改的绘本《山河作证》(中国地质大学出版社2024年版)用"100幅画稿+文字"的方式,讲述地质报国的故事,倡导人与自然和谐共生的价值理念。这也是20年来,唯一一部由高校师生共同创作的长篇地质叙事绘本。

创作的生态价值取向

多年来,地质工作者怀揣着爱国之心,以奉献为笔,在艰苦的环境中开拓创新、艰苦奋斗,他们与自然紧密相连的故事以及崇高精神,宛如璀璨星辰,亟待用艺术的妙笔精心勾勒、深情呈现。这些年来,我一边深耕生态文学评论,一边投身绘本创作天地,其间收获了诸多奖项,甚至有画稿有幸被中国国家博物馆收藏。

近年来,我多次跟随师生深入新疆、青海、西藏、甘肃等地,投身野外地质科考。那广袤大地上的山川河流、戈壁荒原,每一处都承载着独特的生态密码。在科考过程中,我不仅目睹了地质工作者的无畏身影,更深刻感受到自然生态与地质探索之间千丝万缕的联系。基于这些宝贵经历，我创作了文学纪实作品与小型连环画，但内心深处总觉得还缺了些什么，渴望能有一部更具分量的作品。于是，我毅然决定创作一部文图结合的"大部头"，全方位再现地质报国故事，尤其要凸显自然生态在其中的独特魅力。

2021年，我将创作目光聚焦于中国地质大学（武汉）的师生群体。随后一年多时间里，我与创作小组其他成员齐心协力，全身心投入绘本《山河作证》的创作中。该绘本以师生探索地球科学奥秘为主线，分为社会建设需要资源、跋涉野外寻找矿藏、为国育才初心不改、野外实习锤炼本领、地质科考彰显担当、挑战极限攀登高峰、地质报国梦想启航等九个篇章。

为了真实且生动地描绘野外地质教学与科考场景，我搜集了上千张照片作为参考。但我明白，绘本创作绝非简单复制照片，而是要从这些照片中提炼自然生态之美，对图像进行精心提炼、巧妙取舍，再依据视觉叙事需求，精准描绘出自然环境与人物的互动，实现文图与自然生态的完美交融。

创作绘本《山河作证》的路上，可谓荆棘丛生。起初创作的20多幅初稿，未能淋漓尽致地展现出自然生态的韵味与地质工作者的风采，创作小组一度陷入自我怀疑，甚至想要放弃。然而，每当忆起师生们在荒野中，面对恶劣自然环境时的无畏科学精神，我们便又燃起创作的斗志。每一幅画稿，从初稿到定稿，我们都反复打磨，有的甚至修改多达十余次。就在绘本出版前一个月，为了让画面更好地呈现自然生态细节，创作小组还对20多张画稿进行了修改。

为了让绘本中的文学语言更具生态之味，精准传达自然之美与生态理念，我数易其稿。时常翻阅地质与环境的专业术语，深入了解地质现象与生态系统的内在联系，还虚心向专家求教，力求每一个表述都能准确反映自然生态的科学内涵与诗意美感。

绘本中的所有人物，均以身边师生为创作原型，这让整个作品充满生活气息，更具亲近感。参与创作的研究生唐钰君曾感慨地对我说："创作绘本的过程，仿佛一场灵魂的洗礼。我身边的老师和同学们，为了探寻自然资源的奥秘，在野外风餐露宿、艰难跋涉，他们在与自然的深度对话中，真正将论文写在了祖国大地上。创作这个绘本，我常常被师生们不畏艰险、热爱自然的品质深深打动。"参与绘本创作的刘雅文也有着相同的感受。陈刚教授为了地球科学研究，勇攀世界最高峰珠穆朗玛峰，他登顶珠峰的震撼场面在《山河作证》中也有精彩呈现。他看到后激动地说："画得太逼真了，瞬间让我回想起登山科考时的一幕幕，那一路的雪山冰川、高原植被，还有恶劣的气候，都与我的记忆完美重合。"这部绘本，不仅是对地质工作者的赞歌，更是对自然生态的深情礼赞。

自然生态的视觉叙事呈现

在文艺创作的多元版图中，绘本作为文字与图像交相辉映的独特艺术形式，凭借独有的魅力，跨越年龄界限，吸引着不同年龄段的读者。《山河作证》便是在文学与视觉叙事融合路径上的一次深度探索，尤为注重将生态文学元素融入其中，旨在为读者呈上的与众不同的阅读体验。

《山河作证》的故事素材源自真实的人和事，这为绘本现实主义创作风格奠定了基础。在创作过程中，我系统整合一手图像素材，搭建起一条逻辑连贯的叙事脉络。从师生们怀揣憧憬，毅然奔赴野外地质考察一线，到途中遭遇恶劣自然环境、复杂地质状况等重重挑战，再到凭借团队协作与顽强毅力收获研究成果，故事起承转合有条不紊。

在绘本故事架构方面，我努力做到让生态文学元素贯穿始终。师生们在野外，时刻留意着地质变迁与生态环境之间千丝万缕的联系。比如师生在野外地质调查中，发现山体岩石的风化速率因周边植被覆盖率变化而受到影响，进而深入思考生态平衡的重要性。这种对现实中生态现象的捕捉与呈现，既丰富了故事内容，又凸显了生态文学关注自然生态、人与自然关系的核心要义。

《山河作证》创作中，我们的创作小组深度挖掘多元深刻生态主题。地质报国彰显师生们扎根艰苦环境，坚守地质事业，为国家地质研究奉献力量的家国情怀。而人与自然和谐共生主题更是贯穿绘本始终。师生们在野外考察过程中，对自然环境秉持着敬畏与保护之心，避免对周边生态造成破坏。这种对自然生态的尊重与维护，其实是无声诠释了生态文学倡导的人与自然和谐共处的价值观。同时，成长与传承主题也巧妙融入生态视角。年轻学生在教授们的带领下，不仅掌握了地质研究技能，还传承了老一辈对自然生态的敏锐观察力与保护意识，实现知识与生态理念的双重传承。

《山河作证》创作中，描绘自然景观与地质地貌时，创作小组运用细腻笔触，努力还原其形态质感。巍峨高山的险峻轮廓，层峦叠嶂间的生态多样性，岩石历经岁月雕琢的独特纹理构造，在创作中尽量真实描绘，让读者仿若身临其境，深切感受大自然的鬼斧神工与生态之美。在人物形象塑造与场景氛围营造上，融入艺术化处理。地质工作者们在面对奇特地质现象时，眼中闪烁的兴奋光芒，以及在恶劣环境中相互扶持、共克艰难时流露出的坚定神情，都被生动刻画出来。通过对人物的描绘，展现出他们对自然生态的热爱与对地质事业的执着。在画面构图上，采用多元构图方式引导读者视线、传递丰富信息。展现宏大野外场景时，运用全景构图，使广袤山川、错落营地以及其间蓬勃生长的各类植被等生态元素可以尽收眼底，全方位呈现地质考察环境的壮阔复杂，让读者直观感受自然生态系统的丰富与脆弱。

《山河作证》在描绘关键情节或人物互动时，切换至中景或近景构图，聚焦人物表情、动作以及彼此间关系。比如在师生围坐探讨某种地质现象对周边生态链影响的画面中，通过中景构图，清晰展现人物专注的神情与热烈的讨论氛围，增强故事感染力。此外，运用对角线构图、三分法构图等技巧，赋予画面动态感与稳定性。如描绘师生攀爬陡峭山坡的画面，借助对角线构图，将人物沿山坡斜线分布，既凸显攀爬艰难，又让画面充满动感，同时也展现出周边植被在恶劣地形下顽强生长的生态景观。

文学、图像与传播的跨界交融

在《山河作证》创作中，我们精心编排画面序列，尽量做到视觉叙事的流畅。每幅画面紧密相连，如同电影镜头，依序呈现，推动故事发展。绘本中运用大量图像符号辅助叙事、表达主题。地质锤、罗盘、放大镜等地质工具作为地质工作象征符号频繁出现，强化故事专业性与主题氛围。同时，山川、草木、河流等自然元素被赋予丰富的生态寓意。这些图像符号旨在丰富画面内涵，助力读者从生态视角深入理解故事。

《山河作证》力求文字与图像紧密互补，共同诠释生态文学内涵。文字承担叙述故事背景、情节发展、点明主题等功能。在通过文字介绍地质考察任务目标、师生身份性格特点时，也会融入对考察地生态环境特征、面临生态问题的阐述，让读者对故事所处生态语境有初步认知。该绘本中，图像将文字描述具象化，以直观视觉形象呈现。图像能展现文字难以描述的生态细节，文字则对图像传达的生态信息进行进一步阐释，解读画面中生态现象背后的生态意义，引导读者深入思考人与自然的关系。

在文学与视觉叙事融合基础上，创作小组探索创新叙事方式，呈现出跨媒介叙事特点。该绘本突破了传统纸质媒介局限，在公开出版之前，其中的 20 幅图文作品在各大网络平台进行展示，引发广大网友的精神共鸣，获评中央网信办"2022 中国正能量网络精品"，这对创作小组而言，是莫大的精神鼓励。跨媒介叙事的方式，打破传统绘本叙事局限，为生态文学与视觉叙事融合发展摸索新路径，旨在促使更多人关注生态问题，投身生态保护行动。

通过文学向视觉叙事的拓展，《山河作证》生动形象的画面、简洁易懂的文字，吸引了不同年龄段的读者，使他们对地质科学、生态环境产生兴趣。对于儿童和青少年，绘本凭借野外地质工作场景的生动画面，激发他们对地质科学、自然生态的好奇心与探索欲成年读者则能从绘本中蕴含的深刻生态主题、对地质工作者精神的赞美以及对人与自然关系的深度思考中获益。作为文化载体，我深信该绘本能在传播生态文化方面发挥积极作用，在全社会营造关注生态、保护自然的良好氛围。

将生态文学向视觉叙事拓展，我知道这不容易。在视觉叙事的时代，绘本《山河作证》以最大的生态文学诚意，通过构建特色的故事和主题，运用视觉叙事技巧，实现文字图像融合。围绕"人与自然和谐共生"的主题，在今后在绘本创作中，我将以更大的创新勇气，让生态文学的理念和内涵，在绘本艺术空间中迎风飞扬。

我带学生"绘"山河

我在中国地质大学（武汉）学习、工作和生活了20多年，对于这所行业特色鲜明的大学，我充满深情与厚爱。如何用大众喜闻乐见的方式，把大学故事创作出来，我一直都在思考。

用文学、音乐、影视等方式讲述大学故事，很多高校都做得有声有色，推出了一些精品力作。2017年5月的一天，我翻阅书柜中的连环画《铁道游击队》，突然感到又新鲜又兴奋。创作连环画一直都是我的梦想，我从小学画画，后来上大学读艺术类专业，也深受连环画的影响。我当即决定：用文字与画稿交融的作品，让大学故事接地气、冒热气。

说起连环画，"70后"都有印象，我们这一代人都是看连环画长大的，除了《铁道游击队》，还有《红旗谱》《智取威虎山》《敌后武工队》等诸多优秀连环画，这些连环画影响深远。近年来，生活方式发生巨变，尤其随着互联网的"加盟"，文化更是绚丽多姿。随之而来的是，曾经备受追捧的连环画逐渐被冷落，而与之相近的绘本，则成为"新宠"。相比而言，绘本在文图创作方面，更自由、更灵活。

我决定开展绘本创作。当时，我就想把学校地学类专业师生野外实习和考察的故事画出来。因为这是我最熟悉的群体，他们经常跋涉于祖国山河，豪情万丈，极具画面感。2017年9月，我创作的第一部绘本《小锤君野外地质考察记》在学校新媒体平台发布之后，在师生、校友和广大地质工作者中间产生了强烈的精神共鸣。有校友说，看到这些画稿，情不自禁地想到野外地质实习的往事。看来，用绘本讲述身边的人和事令人感到亲切，大家在作品中仿佛都能看到自己的身影。

这部绘本的创作完成，给了我莫大的信心。2019年，中华人民共和国成立70周年。我又一鼓作气创作了绘本《地质初心交给祖国》，同样是用现实主义的手法，以钢笔素描的方式再现师生们野外地质工作的场景。当年国庆前夕，20幅文图相继在行业媒体平台推出，再次引发广泛关注。

凭我一己之力用绘本讲述大学故事，力量有限。我想让自己课堂上的学生们参与其中。我这些年一直给艺术与传媒学院艺术设计类专业的学生讲授视觉叙事相关课程。而绘本创作，本质上就是视觉叙事的一种形式。2020年之后，我已不满足于小篇幅的绘本创作，而希望把我所在的大学的故事创作成长篇绘本。如果这一任务由我一个人完成，那将是一个漫长的过程。于是，我想把学生培养出来，让他们在创作中体验收获的快乐。

2021年9月，我带领唐钰君、刘雅文、张世春三名学生，启动长篇绘本创作。他们都有良好的美术基础，也表现出强烈的兴趣。我们不仅要把学校师生地质报国的故事画出来，还要把地质与社会建设的关系、新中国地质工作者的风采都画出来。我当即把这一绘本命名为《山河作证》。

《山河作证》描绘的故事远远超出了大学的范畴，其实是描绘新中国成立以来地质工作和地质教育波澜壮阔的发展历程。无数个日夜、无数个周末，我带领三名学生利用课外时间抓紧创作。"一个人能不能有所成就，就看八小时以外在干什么"，我时常用这句话鼓励他们。

2022年10月，经过一年多的持续创作，由"100幅画稿+文字"组成的绘本《山河作证》终于完成。绘本依然沿用现实主义手法，在画面构图、人物造型等方面，我们借鉴了传统连环画的画面处理方式。在技法上，则融合了素描、中国画、版画等画种形式。特别值得一提的是，在这部绘本的创作中，我们告别了传统的笔墨纸砚，而在电脑上进行手绘，其最大的益处，就是便于不断地修改。

恰好，这一年的11月7日，迎来中国地质大学（武汉）建校70周年校庆，这部绘本作品也算是给学校的校庆献礼。校庆前夕，我选择了其中的20幅文图，编排成一个微信新媒体作品在学校微信公众号上发布，多家网络媒体进行报道和转载，在社会上产生了极大反响。后来，《山河作证》入选中央网信办"2022中国正能量网络精品"。能够获得这一荣誉，我们压根儿就没有想过。我当时就想到一句话"只问耕耘，不问收获"，真是寓意深远。

2024年4月，该绘本经过重新修改和润饰后，由中国地质大学出版社出版，包括中央电视台在内的很多媒体纷纷报道，这着实让我"受宠若惊"。

其实，完成了《山河作证》之后，我和学生创作团队也没有闲着，马不停蹄地开始下一部绘本的创作。2023年上半年，在学校的支持下，我主持创立山河网络工作室，搭建创作团队，旨在创作以视觉艺术主导的文艺作品。我也明确了创作的方向和主题：把人与自然和谐共生的故事画出来，把美丽中国建设的新气象传开来。如果大学是"小我"，那么山河大地就是"大我"。"眼里有山河，心里是中国"，成为我们创作的理念和主题。

2023年上半年，我为艺术设计类专业的本科生讲授"叙事与故事板设计"课程。我鼓励学生们围绕山水林田湖草沙等自然资源元素，开展课程作业的创作。

长江是中华民族的母亲河，保护长江生态，就是守护人民群众的生命线，守护中华民族的未来。这条大河的生态保护，备受社会关注。2023年3月至2025年3月，本着"专业课程教学＋生态文明教育"的理念，我先后带领十余名学生，历经3年时间创作完成长篇绘本《你好，长江》。该绘本由200幅彩色画稿和4万字组成。相较于《山河作证》，这部绘本体量更大、视野更宽。

翻看这部绘本，我百感交集、热血涌动，忍不住在微信朋友圈"晒一晒"，随即引发媒体朋友的关注。人民网、光明网、中国新闻网、科学网、中国环境网、中国自然资源报微博、《中国矿业报》、湖北日报网、极目新闻客户端、大武汉客户端、汉新闻客户端等10余家媒体争相报道，此外，湖北文艺网、今日湖北网、搜狐网、新浪网、澎湃、今日头条等也进行了转载，尤其是"矿业界"微信公众号，分期对绘本的十个章节进行了连载。

《你好，长江》分别围绕长江源头的生态保护、长江上游环境治理、长江科学考察、三峡库区地质灾害防治、长江两岸的动植物及水生生物、长江流域的名山大川、湖北在长江大保护中的担当、长江流域农业生产、长江下游生态治理及成效等主题，力图从多维度、多视角对长江大保护进行视觉叙事。该绘本同样遵循现实主义风格，艺术地再现长江大保护波澜壮阔的时代图景。创作中，我一方面放眼长江流域生态保护的全局，另一方面也将身边的人、身边的事进行再现。如将中国地质大学（武汉）实施的"地学长江计划"、以谢树成院士为代表的专家学者服务长江保护、师生在长江之畔开展野外实践科考等人物与场景，在画稿中予以展现。

我带领学生们在创作《你好，长江》的过程中，同样也遇到了很多难题，诸如：创作内容的甄选、不同的学科知识、不同画稿风格的统一，等等。为此，我们的创作小组团结协作，对绘本进行了数次修改和打磨，终于在2025年3月初完成全部的图文创作。而就在2025年寒假和春节假期近30天的时间里，我们仍然对绘本文字部分进行撰写和修改。整个假期里，除了大年初一、初二，我把所有的时间都投入创作中。

创作《你好，长江》，我意在打通从学生作业到作品的"最后一公里"，因为此前很多学生的作业，获得一个分数后就不了了之。在我看来，这不能从根本上调动学生的学习积极性，也无法成为教育教学和学科建设有显示度的成果。为此，以课程教学和该绘本创作为依托，我申报了学校本科教育教学改革的重点项目，该项目于2024年9月成功获批。

就在创作《你好，长江》绘本的这段时间里，2023年4月至8月，我带着硕士研究生刘星月创作绘本《野外地质灾害研究与防治纪事》。这一绘本主要讲述学校师生在长江三峡库区开展地质灾害研究与防治的故事。绘本在"矿业界"微信公众号上发布后，获得2024年全国行业好新闻大赛的二等奖（新闻美术类）。

其实，2023年之后，我带领的学生绘本创作团队，创作的绘本进入"井喷期"。除了创作《你好，长江》，还完成了再现师生野外地质实践的绘本《逐梦山河》，该绘本在2024年第十期的《大学生》杂志上发表；完成再现中国地质大学（武汉）专家学者服务云南施甸乡村振兴的绘本《情系山河》，其中20幅画稿于2024年12月在中国地质博物馆参加"大地之光"美术展；完成了中国地质大学（武汉）师生助力湖北石首生态修复的绘本《大地征程》的创作。此前和今后的时间里，创作"山河"系列绘本，把新时代人与自然和谐共生的故事写出来、画出来、讲出来、传开来，是我们创作团队的目标和方向。

山河与大地，是我创作的"道场"，也是我创作的精神背景。对此，我有三点感受。一是在大学里，无论开展何种形式的文艺创作，都要面向朝气蓬勃的时代。脱离时代或者背离时代，创作之路不可能越走越宽。二是创作要和大学文化建设、人才培养、学科建设和思想政治教育无缝衔接。文艺创作是文化建设的载体，是提升学生专业能力的试金石，而优秀的作品也是学科建设结出的果实。带领大学生开展主题特色鲜明的创作，能激发青年心怀"国之大者"，培养家国情怀，这也是大学人才培养的重要使命。三是创作中要敢于坐"冷板凳",做长期主义者,对于创作的思想和主题要发自内心地热爱,只有热爱,才能拥抱壮美山河。

阅读，
何以产生烦恼

在中国当代作家中，张炜不仅是一个严肃的写作者，也是一个认真的思考者。2011年，他的长篇小说《你在高原》(10卷本)获得第八届茅盾文学奖。40多年的文学生涯中，他不仅写小说，还写了大量的散文、随笔、诗歌与文艺评论。其实，散文是最能体现一个作家真性情，最能看出一个作家思想底色的文学体裁。散文集《阅读的烦恼》(江苏凤凰文艺出版社2023年版)汇集了张炜20世纪80年代至今的文学见解，为我们如何阅读文学作品、如何看待文学现象提供了参考。

每个写作者都应该慎重提笔

《阅读的烦恼》之书名，来源于书中的同题散文，其副题是"关于二十五部作品的札记"。这篇文章成稿于1997年，当时张炜已经是很有影响力的作家了，但此时的他依然在博览群书。一般来说，若在阅读中有所获，心情应是愉悦的，文章名为《阅读的喜悦》或《阅读的收获》岂不是更好？但他阅读了一些文学作品后，内心深处有隐隐的担忧和焦虑。有的作者急功近利，总想着成为一流的、有名望的作家，于是在作品的"包装"方面绞尽脑汁，指望在文坛和市场两端都讨好。张炜认为，中国有"言为心声"的传统，不能为了成名，在作品中进行奇怪的拼接、联想，若有其事地胡说八道。不真诚的作品，文辞越是优美，对人的毒害就越大，作为有文学情怀的作家，张炜对这类作家和作品很是担忧，阅读这样的作品，不但不能给人带来愉悦，还会带来无尽的烦恼，败坏文学的胃口。

作家是不是应该天天写作？张炜在书中写道，勤奋是一个作家的优良品质，但是仅有勤奋是不够的。我对此深以为然。我认识很多作家朋友，有的格外勤奋，天天写呀写，发表作品也是家常便饭，且每次发表新作都在微信朋友圈秀一秀。在社交媒体展示新作之发表并无不妥，我担心的是，作为经验丰富的作家，日日写作、高频率发表并以此为乐，会影响作家对文字、对生活深度的追问和思索。写作与工厂流水线的生产是有差异的，比拼的是智识和积淀。作家不妨偶尔放慢写作的脚步，即便才情四溢、灵感迸发，也需要"停一下"，深思熟虑后再动笔写作，或许作品会出现不同的"面相"和格局。当今文坛，有的作家总是急急忙忙，写得太快、出版得太多，但是其中又有多少作品能真正经受得住时间的检验呢？每个作家都应该慎重提笔，文章千古事，若敷衍了文字，文学就会敷衍你。

文学评论需要风清气正的氛围

对于文学评论之生态，张炜也不无担忧。他在书中打了一个生动的比方，说有色盲的评论家，对色彩之间的差异都分不清，却对着一幅画作滔滔不绝地"指点江山"。他写道，"这是令人同情的""在别人眼里，这种尴尬是无论如何也没法消除的"。众所周知，文学评论和文学创作是马车的双轮，缺一不可。现实中，一些文学评论者碍于人情和面子，对所评之作经常笔下留情，说一些不着边际的空话、虚话和套话，或者持一些似曾相识的陈词滥调。还有评论者更甚，对文学水准平平的作品，写一些肉麻的溢美之词，把平庸之作捧到了天际。一些普通的读者，有时会被这样的言辞所鼓动，这很正常——不正常的是评论者。

文学评论需要一个风清气正的氛围。作品好在哪里，不足在哪里，有一说一，这理应是常识，但是在文学评论中却不易实现。文学评论中的真知灼见，或者带一点儿"刺"的声音，都很稀有和宝贵。文学的健康发展，需要创作者和评论者双向奔赴，文学作品需要真诚，文学评论者也要说真话、敢于硬碰硬。否则，文学的生命力就会萎缩。

传记写作不仅仅是讲故事

文学写作中，各类人物传记备受作家、读者和市场的瞩目。优秀的人物传记，不仅仅是讲述一个人的故事，还要对一个人的思想、追求和时代风貌，进行多维的呈现。在该书中，张炜袒露了对优秀人物传记的偏爱。中外文学史上，有一些人物传记写作的高手，西汉的司马迁、奥地利的茨威格等就是典型的代表。同时张炜也认为，一些大部头的传记，和传主的故事相比反而无聊和单薄多了，"而实际上，他们所记述的每个传主本人几乎都令人神往"。

人物传记的写作，并不是对人物进行事无巨细的描写，更非为迎合读者而编造哗众取宠的情节。张炜认为："杰出的传记作家越来越少。更多的人都忙着自己的创作，其实一个真正杰出的人物才可以更好地写出另一个人物，而这种写作又绝不会损坏或剥夺他的至为可贵的东西——天才的创造力。"

简单地讲，人物传记的写作，除了调动一切文学的手法之外，笔者认为有三点需要注意。一是需要大量的传主素材，尤其是著名人物传记的写作，更要寻找鲜为人知的素材。当然也不能陷入无止境的搜集之中，否则这样的传记写作可能沦为一堆素材的堆砌，湮没了人物真实鲜活的一面。二是无论对哪个领域的人物进行传记写作，都要写真实的人、立体的人，即便是为成就斐然的人物进行传记写作，也要兼顾其日常生活，毕竟人都是吃五谷杂粮长大的，都有喜怒哀乐、悲欢离合，"高大上"的人物传记只会让读者觉得不可信。三是文以载道的传统在人物传记写作中依然适用，人物传记不是简单地讲一些起承转合的故事，而是要在一个接一个的故事叙述中体现人物的性情。作为读者，如果阅读一本人物传记之后，只是记住了几个小故事，不能从中获得触动人心的启迪，那这样的传记忽略也罢。

对时髦事物要保持足够的清醒

当前，伴随着网络的普及，出现了很多"网言网语"。有的接地气，逐渐走进严肃文学的视野，有的则全然是搞怪和低俗，不能步入大雅之堂。作家如何面对包括网络语言在内的一切时髦的东西？对于这个问题，文坛一直争论不休。张炜认为，追求时髦和接受时髦的能力甚至会被视为一种天赋，拥有此能力的人进而又会被形容成天才、智者之类。实际上这一切与天才、智慧，与一个生命的创造力几乎风马牛不相及。作家能快速地接受时髦的事物是一种能力，但是这并不表明作家就应该追逐时髦，反而对时髦的事物要保持足够的清醒——时髦不会让文学脱胎换骨，也不可能让作品变得更加深刻。他在书中写道："一个艺术家和思想者是不可能以贩卖和传递最时髦的术语和概念而得以生存的。相反，这往往是他变得中空、浮泛的开始。他慢慢变成了一个消息的传递者，一种场合的描述者，从乙地到甲地的义务传播员。"

从另外一个角度讲，肤浅而新奇的所谓的新知识，最新的艺术方式、表达方式，往往是极有诱惑力和吸引力的。一个功力深厚的作家如果热衷于此，那就是危险的写作信号。反过来讲，一部文学作品要是以非常朴素的方式，甚至是以有些传统的方式写出来，那么作品真实感人的力量就会加倍增长。而一个作家在作品中煞费苦心设计一些新颖的文学形式，最后可能会收获甚少，甚至会伤害文学本身。

诗意是衡量文学水准的重要标尺

文学之所以是文学，是因为作家们善于用恰当的语言文字讲述故事、表达感情、传递思想。文学是语言的艺术，只有对语言的驾驭轻车熟路，作品才有出彩的可能。在所有的文学体裁中，诗歌被誉为"文学语言的王冠"，最为讲究语言的锤炼。张炜认为，小说家和散文家都要有一颗"诗心"，即便是不写诗，也要养成读诗的习惯。

在文学作品中展现诗意，是难得的文学品质。有的小说和散文作品如同白开水般看不到诗意，对于这样的作品，他失望地写道："从中看不到一句诗。大白话，巧言趣话，有时连巧言趣话都算不上……多大的误解才造成了这样的写作和出版。""诗是一步一步丧失的，而不是在一个早餐、在某一本书里失去的。"

当前，受到各种流派和风格的影响，作家的创作越来越显示出独特的个性，但是不管怎样求新求变，作品中如果找不到盎然的诗意，文学性就会大打折扣。当然，诗意的写作功底需要长期的积累。说得更直接一些，作品是否具有诗意，乃是衡量文学水准的一把重要标尺，过去如此，现在和将来亦然。张炜是小说家，但在文学生涯中始终保持对诗歌的赤子之心，他出版过诗集《皈依之路》《夜宿湾园》，长诗《不践约书》《铁与绸》等。也许正是因为经常光顾诗歌的田园，他的小说具有了一种不可言说的艺术美感。

从中国古典文学传统中汲取养分

中国有着悠久的文学传统，历史上涌现出无数灿若星河的作家和作品。上千年来，中国人几乎都以文言写作，文言写作尤为讲究语言的精练，文学的形式、内容和思想完美地融为一体。在世界文学史上，文言文都是独一无二的存在。而白话文成为文学的主要语言只有100多年的历史。张炜在书中指出，在以白话文写作的今天，作家们不能摒弃中国的文学传统，要从优秀的古典文学作品中汲取养分。为了深入了解和研究古典文学，他花了大量时间去研究诗歌，出版了诗学专著《也说李白与杜甫》《陶渊明的遗产》《唐代五诗人》

等。在《阅读的烦恼》一书中,张炜毫不犹豫地表达了对苏东坡的敬佩之情。这几年,伴随着古典文学热情的升温,"苏东坡热"突然成为一种文化现象。这不单由于苏东坡傲人的才气、出众的诗文书画和一路的颠沛流离,更重要的是他在坎坷的人生旅途中,总是能乐观、豁达地面对人生。作为中国文人之典范,苏东坡写下的千古名句,胜过很多文学作品中的千言万语。经得起历史检阅的作品,值得反复研读,从而厚植文学底蕴、底气。

此外,对于写出文言短篇小说杰作的蒲松龄,张炜也心怀敬意。这位一心想为官的清朝秀才,终身没有谋得一官半职,干脆转而埋头文学创作,在齐鲁大地搜集各种传说和传奇故事,最后一鼓作气写出传世之作《聊斋志异》。蒲松龄并未对搜集到的故事进行简单转述,而是添加了很多自己的想象,使得扑朔迷离的故事传说具有了文学性,尽管各类鬼怪狐仙在书中亮相最多,可蒲松龄意在写人,表现人性,直指真实的现实生活。这样一来,《聊斋志异》就和其他神怪传奇划清了界限。故事仅仅是故事,文学则不仅仅是故事,还有对人性的刻画和揭示,这就是文学和故事之间的根本差异。中国古典文学是一座巨大的富矿,当代作家要善于开挖这座矿藏,这也考验作家的慧眼和能力。

回到《阅读的烦恼》,从广阔的视角看,阅读和写作就是孪生兄弟,对作家而言,两者是无法分割的,你我交织,并且相互启迪。一个作家不广泛阅读是不可思议的,若阅读只是被作品牵着鼻子走,或者不求甚解,这种阅读就是假装阅读,非但无益,害处还不少。张炜所言"阅读之烦恼",显然是以思考者的姿态在阅读,这是一种宝贵的阅读方式，此乃阅读之佳境。作为作家，写作的节奏可以慢下来，但是阅读与思考一天都不能停步。只有知晓阅读中的各种玄机，写出的作品才会具有蓬勃的生命张力，抵达人类灵魂的深处。

该文 2024 年 5 月 15 日在《中国教育报》"阅读周刊"发表之后，山东省临朐中学高级教师佘海生同年 8 月 28 日在《中国教育报》"阅读周刊"发表题为《也谈"阅读，何以产生烦恼"》的文章，从立足教学的层面，畅谈阅读该文的体会。

阅读
滋养人生

每年世界读书日前后,全国各地都会开展丰富多彩的全民阅读活动,以此激发人们阅读的兴趣。我觉得阅读对于个人而言,是一辈子的事,就如同吃饭、喝水和睡觉,是生活的日常。坦率地讲,我就是一个爱阅读的人,乐此不疲,并收获了阅读的惊喜。

20多年前我刚参加工作那阵子,迷恋文学,虽然工资不高,但我不断地购买文学类书籍。明明学校图书馆里这类图书不少,可我偏偏喜欢买下来,一边阅读一边在书上勾勾画画,那种感觉妙不可言,至今我阅读时都是这个习惯,不动笔墨不翻书。优秀的小说作品中,人物和故事往往是虚构的,但是呈现的主题和思想,往往都是真实的、深刻的。有人说,长篇小说是一个民族的秘史,我对此深以为然。尤其是在阅读了余华的《活着》、陈忠实的《白鹿原》之后,我的心灵受到了极大震撼。记得一年春节假期,我去走亲访友,手头就拿着《白鹿原》,亲戚们在喝茶聊天,有说有笑的,我却沉迷在小说的叙事中,对田小娥的命运唏嘘不已。

那时在工作之余,我几乎把所有的时间都用在阅读上。寒冷的夜晚,我捂在被子里读书,记得读巴金的《随想录》,我浑身来劲了,又穿起棉衣棉裤，坐在书桌前慢慢品读。我从阅读中悟出这个道理，文人为文要讲真话，要知行合一。这应该是一个常识，但是真正能做到这一点并非易事。写作要讲真话，文字要见真性情！多年来，这成为我写作追求的目标。

阅读和买书相伴而行。逐渐地，一室一厅的公寓里，到处都是书。不仅书柜上放满了书，床上、沙发上、椅子上、地上都是书。2001年至2010年，我阅读了中外文学史上的部分经典。读书往往就是这样，当读得稍微多了一点，就感觉还有很多很多的书需要读，真是书海茫茫啊。人的时间和精力有限，我不可能读完所有的文学经典，只能根据爱好选择性地读。真正爱读书的人，估计和我有同样的感受：读书让人愉悦，也让人充满遗憾。

书读得多一点，不免就喜欢与一本书"对话"。我在阅读的过程中，经常写一点片段式的阅读心得。每年下来，差不多有七八万字，我还把这些阅读心得打印出来，装订成册，和身边的文友们分享。从2011年开始，我经常在读完一本书之后，就开始撰写篇幅完整的读书评论，尝试着给报纸副刊投稿。我现在都记得，针对《上学记》撰写的书评，很快被北京一家大报发表，这给我极大的自信。从此，我不仅读书，还顺手撰写书评，我的运气很好，加上各大报刊编辑老师的厚爱，书评接二连三地发表，其中，我在《中国环境》就发表了不少书评。

阅读让人上瘾，写书评也上瘾。我不断地读，不断地写，2015年，我发表的书评差不多有30万字。我从中挑选出10多万字，整理成评论集《最是书香》，然后向商务印书馆投稿。没有想到，出版社编辑对我的评论集很感兴趣,决定出版!我本来就是抱着试试看的心态,没有想到得到了出版社的认可。商务印书馆在出版界有广泛的影响力,自己的评论集能在这里出版,真是一种荣耀,也是对自己的一种鼓励。2016年,我出版了自己的第一本评论集,这个评论集后来还获得了湖北高校人文社会科学优秀成果奖。

读书、发表书评、出版评论集,成为我工作之外最惬意的事儿。《最是书香》出版之后,我还出版了《家国书事:来自南望山的阅读札记》《书山问道:文化·文学·艺术阅读札记》《寻找文心:当代文学的精神面相》等文艺评论集。慢慢地,我开始缩小阅读的范围,聚焦自然生态文学文化类和艺术类书籍,评论也紧密展开。2019年,我出版了自然生态文化主题的评论集《山河气韵:书香视野中的生态文化》,该评论集同年还获得湖北省文艺精品创作扶持项目的扶持。

一个人的阅读史,就是一个人的精神发育史。在20多年的阅读中,我的知识丰富了,人也变得豁达了。生活中遇到的这样那样的烦心事,只要捧起书,就会烟消云散。优秀的书籍是可信赖的朋友,更是良师。正是因为阅读,13年来我发表了300多篇书评,出版了5本评论集。这些成果成为我职称晋升的重要砝码,也让我在文艺评论领域找到了自己的方位。现在和将来,我的阅读和写作还会继续,这已经是我生命的组成部分。

后记

《锦绣山河：生态文化阅读手札》的付梓，是一场跨越六年的精神跋涉。自2019年《山河气韵：书香视野中的生态文化》出版以来，我始终在思考：当生态文明建设上升为国家战略，当"美丽中国"从愿景走向现实，生态文化该如何在时代浪潮中找准定位、回应使命？这部评论集正是对这一命题的阶段性作答，它是我的阅读与思考之结晶，更是时代脉搏与生态文化文学自觉的共振。

初次与生态文化相遇，就如同踏入了一片神秘而迷人的森林。那是一种难以言喻的震撼，仿佛一扇通往全新世界的大门在我面前缓缓打开。生态文化，是一面无比真实的镜子，映照出自然与人类当下的生存状态。我还记得，最初吸引我投身这个领域的，正是它对现实世界那份紧密且炽热的关切——既以细腻如丝的笔触勾勒山川雄伟、森林繁茂的本真模样，让人心生敬畏与向往；又揭示环境污染、物种灭绝等严峻得让人揪心的问题，宛如一记记沉重的警钟，在我们耳边不断敲响。

这几年我在阅读与探索中，愈发清晰地认识到：生态文化与生态文学恰似根系与枝叶的关系，生态文化是生态文学深扎的土壤，生态文化是生态文学蓬勃的表达，两者在文明演进中彼此滋养，共同构筑着人与自然和谐共生的精神谱系。这几年来，生态文化逐渐成为社会共识，生态文学评论的意义愈发凸显：它既是作品与读者间的"翻译者"，引导公众穿透文字表象理解生态内核；也是生态文化建设的"建筑师"，以理论思考为文学创作提供方向。正如评论家李敬泽所言，生态文学是"创造自我与重塑世界关系的精神实践"，而评论正是这一实践的"脚手架"——它既需要捕捉创作动向，更要为生态文化与文学的融合提供思想资源。

本书的核心，正是通过系统性阅读建立对生态文化与生态文学的认知。第一辑"生态文化观察"以历史与现实为经纬，揭示生态问题与文明演进的深层关联。从"天人合一"的传统智慧到运河命运的历史钩沉，从乡村建设的"美丽之道"到沙漠治水的当代实践，这些思考印证了"生态兴则文明兴"的论断，也为生态文学提供了历史纵深。例如，我在《人类影响气候 气候改变历史》一文中，通过阅读《气候改变世界》一书，梳理气候变化对文明兴衰的影响，强调人类作为地球生命演化参与者的责任。而《对待土地的方式影响我们自身》一文，则从土地伦理切入，呼吁在科技道路上越走越远的人们，要保持对自然的谦卑。

在生态文化系列著作的评论中，我始终坚持文本细读的方法：一个词语的选择、一个句子的结构，都可能蕴含着作者对生态问题的独特思考。同时，我也将这些作品置于更广阔的社会文化背景中进行分析，毕竟生态问题从来与社会、经济、文化息息相关。阅读史念海先生的著作《中国的河山》，一方面我迫切想了解古代自然环境变迁，还同时阅读其他历史地理学的著作，探究专家学者们对"黄河改道"的分析。阅读是有巨大诱惑的，当你在阅读一本书时，有时依然觉得"不解渴"，潜意识中又产生阅读相关著作的欲望。每一个阅读者，都应该有这样的亲身体验。

生态文化是一个大系统，其中，生态文学是生态文化的重要组成部分。我关注生态文化，研习生态文化，其中拿出相当多的时间开展生态文学的阅读。本书第二辑"生态文学品鉴"聚焦文学本体，从文本细读中挖掘生态智慧。《一条山脉的自然表达与文学呈现》一文，以秦岭为例，分析著名作家贾平凹在长篇小说《秦岭记》中，如何将地理空间为文学意象，让秦岭的草木山河成为民族生态记忆的隐喻。《地质工作的文学素描》一文，则通过作家陈国栋的报告文学作品《红土地上的地质人》，展现地质工作者的精神图谱。

在生态文学作品的阅读中我意识到：生态文化是宏观的价值体系，而生态文学是微观的情感表达，两者共同构成了人类理解自然的"双重视角"：生态文化提供理论框架，生态文学赋予人文温度。《我带学生"绘"山河》一文，主要讲述我带领学生开展生态主题绘本创作的历程，展现文学与视觉艺术结合对生态文化传播的推动。在这里，生态文学不仅是生态文化的"镜像"，更是其"催化剂"——它以审美体验激活公众的生态情感，让抽象的文化理念转化为可共鸣的生命体验。

作为评论者，我始终坚信"知行合一"的力量。2019年《山河气韵：书香视野中的生态文化》出版后，我逐渐意识到：生态文化与生态文学的研究须兼具理论厚度与实践活力。近年来，我带领团队创作的《山河作证》《你好，长江》等作品，正是尝试以"绘本 + 文字"的形式，打通生态文化的理论认知与生态文学的情感传播。《山河作证》通过 100 幅画稿再现大学地质报国历程，将"把论文写在大地上"的精神具象化；后者聚焦长江大保护，文图再现新时代长江生态保护的新气象。这些实践印证了一个观点：生态文化为生态文学提供思想内核，生态文学为生态文化拓展传播边界，两者在"理念 — 表达 — 传播 — 实践"的闭环中形成正向循环。

当前，生态文化与生态文学正面临新的挑战与机遇。随着科技的进步，人工智能、大数据等技术深刻改变着人类与自然的关系。生态文化与生态文学，如何在技术时代保持人文温度？这是我们必须回答的问题。同时，当下生态文学作品如雨后春笋般涌现，数量日益增多但质量参差不齐：有些仅停留在对自然景观的表面赞美，用华丽辞藻堆砌画卷却未触及生态问题本质，如同在沙滩上建城堡，看似美丽却根基不稳；有些则过于注重说教，生硬灌输理念而丧失文学灵动性，变成枯燥的生态教科书。

评论界同样存在乱象。部分文章流于形式，简单复述作品内容而缺乏洞见，如同鹦鹉学舌；有些评论者追赶潮流，对生态文学内涵的理解浮光掠影，写出的文字自然轻飘飘没有分量。这些问题的存在，无疑让生态文学评论的"脚手架"变得脆弱。

面对这些问题，在本书《文艺作品如何讲好人与自然的故事》《生态文学的视觉叙事之探索》等文章中，我尝试从叙事创新、媒介融合等角度寻找答案。例如，提出"视觉叙事"概念，主张通过绘本、短视频等更加丰富的形式，让生态理念更直观地抵达大众。但更根本的解决之道，在于评论者自身的觉醒：我们必须成为知识的探险家，广泛涉猎文学、生态、哲学等领域知识——懂生态学原理，才能判断作品中生态现象的描写是否科学；有哲学素养，才能挖掘作品背后的深层思考。针对生态文化文学开展评论，我认为要保持独立思考精神，不盲目跟风，敢于在争议中坚持观点。

这六年来，我在阅读与评论写作中见证了中国生态文化与生态文学的蓬勃发展，也经历了个人思想的蜕变。从最初被生态文化的震撼吸引，到如今深耕评论领域，我愈发明白：生态文化与生态文学评论与思考，不仅是学术行为，更是沉甸甸的社会责任。从《山河气韵：书香视野中的生态文化》到《锦绣山河：生态文化阅读手札》，不变的是对自然的敬畏、对文学的热爱，以及对"美丽中国"的期待。生态文化建设是一场没有终点的远征，生态文学亦然。

本书即将出版之际，感谢中国地质大学（武汉）马克思主义理论研究与学科建设计划的资助，感谢所有为生态文化与生态文学付出的同行者，感谢张世春、邱越、刘淼聪、陈三华等师友为本书提供了插画，使得本书文图交融。未来，我将继续行走在山河之间，用文字记录时代变迁，用思考回应现实关切。

陈华文

2025年7月于武汉